张老师教你做300个有趣的生物实验

张　淼◎著

中国海洋大学出版社

·青岛·

图书在版编目(CIP)数据

张老师教你做 300 个有趣的生物实验 / 张淼著. —
青岛:中国海洋大学出版社,2022.5(2023.10 重印)
ISBN 978-7-5670-3090-9

Ⅰ.①张… Ⅱ.①张… Ⅲ.①生物学－实验－高等学
校－教材 Ⅳ.①Q-33

中国版本图书馆 CIP 数据核字(2022)第 010681 号

张老师教你做 **300** 个有趣的生物实验
ZHANG LAOSHI JIAO NI ZUO 300 GE YOUQU DE SHENGWU SHIYAN

出版发行	中国海洋大学出版社		
社　　址	青岛市香港东路 23 号	邮政编码	266071
出 版 人	杨立敏		
网　　址	http://pub.ouc.edu.cn		
电子信箱	cbsebs@ouc.edu.cn		
订购电话	0532-82032573(传真)		
责任编辑	姜佳君	电　　话	0532-85901040
印　　制	日照报业印刷有限公司		
版　　次	2022 年 5 月第 1 版		
印　　次	2023 年 10 月第 2 次印刷		
成品尺寸	170 mm×230 mm		
印　　张	11.5		
字　　数	160 千		
印　　数	701—2200		
定　　价	39.80 元		

发现印装质量问题,请致电 0633-8221365,由印刷厂负责调换。

前　言

　　生物学科是一个基于实验的理科学科。我们在大学本科阶段往往会学得非常广泛，而在研究生期间则会专门研究其中一类，比如植物学、动物学、人体解剖生理学、细胞学、生态学、分子生物学、发育生物学、遗传学、微生物学、食品工程学、生物制药学、园艺学、检验检疫学等等，其中单单围绕植物学又会分出好多学科，例如植物分类学、植物生理学、育种学、病虫害防治学、园艺学等等。

　　我认为生物教育关键在于学生兴趣的培养，让学生形成良好的生物学科素养。现阶段很多生物老师对开设生物实验非常头痛，认为"太难搞了"，有人还说"做实验不如看实验，看实验不如讲实验，讲实验不如背实验"，认为不做实验也能考高分上大学。但是我觉得生物实验真的没有那么难，也没有那么枯燥。是否可以摒弃过去背书式学生物的方法，换一种更为有趣的方法？如果我们能将生物实验的空间由教室和实验室向日常生活和大自然中拓展，将生物学习的时间由课堂 45 分钟向一个学期甚至更久延伸，放弃一些昂贵的设备和药品，用身边随处可见的生活物品替代，甚至是利用废旧物品做个实验、搞个创造，生物实验就会变得非常容易。生物实验不但可以帮助我们掌握生物学知识，而且具有很高的实用价值，可以帮助我们美化生活、提高生活情趣、改善生活质量、预防疾病等等。

　　我撰写本书的指导思想是从大学生物学专业角度出发，将小学、初中、高中必修和选修教材中涉及的重点生物实验及部分研究性学习拓展实验与社会实践分类，如分为植物学、动物学、人体解剖及生理学、细胞学、分子生物学实验等等，以专业的知识进行剖析和改进，增加知识性、趣味性和可操作性。我始终强烈抵制题海式的应试教育，那是一种廉价的、毁灭兴趣、扼杀创造力的教育方式。取得再高的分数，若没有兴趣，又怎能成长为对事业有热情、有创造力的劳动者？在生物实验教育资源还相对紧张的情况下，我主张尽可能简化实验。比如，只需一个花盆，就可以开展植物学实验；只需一个罐头瓶，就能培养微生物；拥有一台显微镜，就能进行细胞学研究；去一次远足，就可以开展生态学调查；去趟动物园或者养一只小宠物，就能了解动物学；就算生病去医院，看看血液化验单，看看药单和说明书，不也获得一次很好的学习人体生理学实验的好机会吗？将基础教育中的生物实验教学融入日常生活，抓住每一次学习的契机，大家慢慢就会发现，自己的生物学科素养慢慢培养起来了，自己的观察能力、记录能力和动手操作能力大大提高了。历史上著名的生物学家法布尔和达尔文小时候都是爱抓小虫、爱玩小鸟的皮孩子，但是他们具有超乎常人的观察力和坚持积累知识的素养，因此会成长为伟大的科学家。

将本书献给热爱生物学的同学，希望它能帮助你变成活泼、谨慎、爱做实验的"小法布尔"和"小达尔文"。受作者水平所限，本书难免有不足之处，欢迎读者指正。客套话少说，抓紧跟上我，张老师带你做有趣的生物实验！

目　录

第一章 只需一个花盆就可以做的植物学实验

植物学实验是所有生物实验中开设最早的,小学一年级下学期就有看花认植物、采集标本等实验活动了,或许同学们在幼儿园就接触到年轮的知识了。我国是一个农业大国,农业的基础就是植物学。植物学实验包括植物形态学、植物分类学、植物生理学、植物发育学、植物分子遗传学、植物生态学等相关知识。学会植物学实验,用处可大了!你会把家里的阳台植物打理得非常棒,你还能高效率生豆芽,你会认识好多野菜、鉴别有毒植物,你还会懂得许多中药知识,等等。我们现在一起来看看,怎样只用一个花盆做植物学实验。

第一部分 植物的分类学实验

一、认识低等植物和高等植物的区别,学习植物标本制作技术

(一)认识我们周围的植物

画一画你认识的植物,制作植物的标本,把树皮的拓印画贴在标本下面,这些非常好实现。家长可以在普通花盆里扦插一株菊花或者月季,通常选择易开花、茎叶区分度高的植物,让孩子慢慢观察,将小苗生长过程记录下来。什么时间长出第一片叶子,将叶子剪下来放到书里制作腊叶标本;什么时间开出第一朵花,用画笔临摹一下;剪下一段茎来,铺上软纸,用棉花球蘸墨拓印。为了培养孩子严谨的态度,请严格按照标本制作步骤进行操作。

(二)腊叶标本制作与保存

1. 腊叶标本制作

(1)压制:将野外采回的标本放在有吸水纸的标本夹里进行压制。压制时,

对于较大的植物可以折成 V 形或 N 形,再大的可以截取根、茎中部(带叶)、茎上部(带叶、花或果)3 段分别压制,记得标上序号。对于多肉植物,可以用开水烫(花不烫)后进行压制。

(2)换纸:标本初压时每天换纸 2～3 次,换纸越勤,标本干得越快,色泽保持得越好。待标本含水量减少时,可以每天换一次纸。换纸后应当继续用绳子捆好标本夹,放置于通风干燥处。

(3)整形:在第一次换纸时应当将每一朵花、每一片叶展平,各部之间不重叠。剪掉多余的枝叶,多余的叶可以保留叶基,来展示叶序。多余的叶、花应当有一部分背面朝上,便于日后观察和鉴定。如遇到果实脱落,可以用小袋盛好,粘于台纸上。

(4)消毒:干制后的标本常带有害虫和虫卵,必须进行消毒,以防止虫蛀。消毒时常将标本放入密闭的容器内,用硫黄熏蒸 10 min。

(5)上台纸:承托腊叶标本的白板纸,称作台纸,一般大小为 8 开。每张台纸上只能固定相同的标本。现在一般采用塑封的方法固定,如果标本太厚,可以采用钉线的方法。

(6)定名:标本上好台纸后,要鉴定出正确名称,然后根据标本签(图 1-1-1),填好科名、学名、中文名、采集地点、采集人、日期等;将填好的标本签贴在台纸的右下角(图 1-1-2),并把采集记录册复写单贴在台纸左上角。

采集人:	采集编号:			
采集日期: 20　年　月日	天气:			
地点:	海拔:			
环境:□山地 □平底 □草地 □林地 □水边				
性状:□乔木 □灌木 □草本 □木 □寄生 □腐生				
株高:　胸径:	学名:			
形态:□根 □茎 □叶 □花 □果实 □树皮				
采集人:	采集编号:			

图 1-1-1　标本签　　　　　　　　　　图 1-1-2　植物标本

2. 保存

按分类系统存放在标本橱内,或者悬挂在干燥通风处,定期消毒,长期保存。

(三)认识植物的"身体"

初步认识藻类、苔藓、蕨类等植物,制作不同种类植物的标本,看看它们有什么区别并补充表 1-1-1。

表 1-1-1　不同种类植物的区别

种类	根	茎	叶	花	果实	种子
藻类	没有根、茎、叶的分化,但某些藻类有假根(固着器)					
苔藓	很小,假根	类似,无输导组织	小,无叶脉	无	无	无,孢子繁殖
蕨类	不发达	有,矮小	羽状	无	无	无,孢子繁殖

(四)观察当地常见的几种植物并制作苔藓生态瓶

实验用品:藻类植物、苔藓植物、蕨类植物、玻璃瓶、沙、石子、放大镜、显微镜。

实验步骤:

(1)用肉眼观察苔藓植物的形态和颜色。

(2)用放大镜观察苔藓植物茎和叶的形态特点及假根的特点。

(3)测量苔藓植物的高度。

(4)了解苔藓植物的生活环境。

如果你拥有一台显微镜,可以在显微镜下观察苔藓的孢蒴,这是非常有意思的。此外,可以准备一个玻璃瓶,底部放上沙,上面铺上小石子,种植上各种苔藓。

实验思考:苔藓植物和藻类植物有什么区别? 苔藓植物和蕨类植物有什么区别?

(五)野外观察藻类植物、裸子植物与被子植物的区别

实验用品:植物图谱、标本夹、照相机、记录本、小铲子等。

实验步骤:

(1)根据当地的地域特点,去海边或河(湖)边收集藻类植物,请老师帮忙鉴

别种类。例如,青岛的学生可以爬崂山收集裸子植物和被子植物的标本,用手机软件大体辨认一下种类,再带回实验室让老师鉴定。注意采集标本不要破坏环境,不能采挖珍稀植物。

(2)将采集到的果实或者老师提供的果实切开或者剥开,观察种子的位置。观察松果的结构和种子的位置。

实验思考:

(1)各种水生植物的生活环境与陆生植物有什么区别? 两类植物在形态上有什么区别?

(2)哪些植物的种子是没有果皮包被的,而哪些是有果皮包被的? 果皮对植物种子的传播有什么好处?

(六)比较单子叶植物和双子叶植物的叶脉并绘制叶脉和叶序图

观察收集到的表 1-1-2 所列植物叶片并完成表格。

表 1-1-2　被子植物叶片特征

特征	白网纹草	银线鸟巢凤梨	小麦	百合	玉米	水稻	蔷薇
单子叶/双子叶							
叶型							
叶脉							
叶序							

二、我是小小植物分类学家——认识常见并具有较高经济价值的被子植物

老师带领学生认识 100 种以上植物并将它们分类,让学生学会林奈的双名法,知道几个比较大的植物科、属的特点,能辨认出常见的或者具有较高经济价值的植物。老师或者家长可以组织一次农田或者果园考察,争取改变学生“五谷不分”的现状。

双名法:18 世纪由瑞典植物分类学大师林奈(Carl Linnaeus)创立,用拉丁文给植物命名,每一种植物的学名都由两个斜体的拉丁文单词组成,第一个词是属名,单词的第一个字母大写,第二个词是种名。学名后有时加注给这种植物命名的作者名或姓。例如银杏的学名为 *Ginkgo biloba* L. 。

以下提供 10 科常见的植物和相关开发实验。

(一)桑科 Moraceae——丝绸之路的"起点"

图 1-1-3 桑

桑科植物为木本,常具乳汁。单叶互生;托叶明显、早落。花小,单性,雌雄同株或异株;聚伞花序,聚花果。常见植物如桑、无花果、波罗蜜、构树、见血封喉等。桑 *Morus alba* L.(图 1-1-3)是我国开始丝绸之路的重要经济树种。相传种桑养蚕是上古时期黄帝的妻子嫘祖发明的。到汉唐盛世时,我国丝织品已经闻名世界,丝织品的技术高超,对经济贡献巨大,其中桑功不可没。

(1)在老师的带领下采摘桑树叶养蚕,观察蚕宝宝从卵孵化成幼蚕,再蜕皮变大、"作茧自缚",最后变成蚕蛾。

(2)在蚕蛾咬破蚕茧前,可以尝试自己制作丝制品。将蚕茧放入开水中煮 30 min,对半切开,将蚕茧撑开,形成薄薄一层,晾干后,就是丝绵。可以用丝绵制作蚕丝坐垫、布偶、靠枕等手工艺品。此外还可以缫丝(抽蚕丝),煮蚕茧的时间要更长一些,并且要不断搅动,直到丝的一端分离开,将蚕丝抽出来卷到木棒上。整个过程都要在高温下进行,过程比较危险。建议低年级的同学只观看,高年级的同学可以在老师或家长的陪同下操作,借此机会体会"一粥一饭,当思来处不易;半丝半缕,恒念物力维艰"。可以用天然的植物染料染色,进行缫丝、染色、刺绣等比赛。

(3)参观丝织品厂的绫罗绸缎,欣赏苏绣(图 1-1-4)、蜀绣等不同种类的丝织品和艺术品。如此一片绿叶、一只小虫,竟能变幻出精致秀美的锦绣,令人不禁感叹我们中华民族工匠们的伟大。

图 1-1-4 苏绣屏风

(二)山茶科 Theaceae——令人神清气爽的"仙草"

山茶科植物为乔木或灌木。单叶互生,常革质,无托叶。花两性,辐射对称,单生于叶腋;萼片 4 至多枚;花瓣 5 片,分离或略连生;子房上位,少数种类下位,中轴胎座。果实为蒴果、核果或浆果。种子胚乳小,常含油质。山茶科最著名的植物是茶 Camellia sinensis (L.) O. Ktze. (图 1-1-5),为常绿灌木;叶卵圆形,表面叶脉凹入,背面叶脉凸出,在近

图 1-1-5　茶

边缘处结合成网状;花白色,有柄,萼片宿存;果瓣不脱落。茶原产我国,公元前约 300 年的《尔雅》已有茶的记载。茶叶内含有咖啡因、茶碱、可可碱、芳香油等,具有兴奋神经中枢和利尿的作用;根入药,可清热解毒;种子油可食用;茶籽粉(茶麸)也是天然的去污粉,可以洗头发、洗碗,清香环保。茶叶一身都是宝。葡萄牙人早在 16 世纪时就将茶叶进献给欧洲皇室,茶叶在欧洲成为一种珍贵的饮料。18 世纪英国出现了"植物猎人"。其中有个叫罗伯特·福琼(Robert Fortune)的人曾 4 次来中国学习种茶、采茶与制茶的技术,并偷偷带走数万棵茶苗,引种到印度和斯里兰卡,奴役当地的百姓为他们建立了许多大型茶园和茶厂。而今天这两个国家出口的茶叶已大大超过我国,因此保护我国的茶种质资源是非常重要的。

种植几棵茶树苗或者联系当地的茶园,春、夏季采摘茶叶,体验茶叶制作中的杀青、定型、烘干等工序。可以邀请老师或者家长参加品尝会,并且思考怎样进行优良物种保护。当我们发现一个好的植物品种时,是不是需要申请专利进行保护,加强海关检疫,防止国外"植物猎人"阴谋再次得逞?

(1)绿茶的工艺流程:杀青—揉捻—干燥。主要品质特征:清汤绿叶。

(2)红茶的工艺流程:萎凋—揉捻—发酵—干燥。主要品质特征:红汤红叶。

(3)乌龙茶的工艺流程:萎凋—做青—炒青—揉捻—干燥。主要品质特征:绿叶红镶边。

(4)黄茶的工艺流程:杀青—揉捻—闷黄—干燥。主要品质特征:黄汤黄叶。

(5)黑茶的工艺流程:杀青—揉捻—渥堆—干燥。主要品质特征:橙黄汤色、醇和滋味。

(6)白茶的工艺流程:萎凋—干燥。主要品质特征:汤色清亮,滋味鲜爽带甜。

(三)十字花科 Brassicaceae——餐桌上的主角

十字花科植物为草本;单叶,叶序互生,无托叶;雌雄两性花,辐射对称,花序总状;花萼 4 片,每轮 2 片;花瓣 4 片,十字形排列,基部呈爪形;四强雄蕊,子

图 1-1-6　花椰菜

房上位,由 2 个心皮结合而成,具次生假隔膜,把子房分成假两室;长角果或短角果,2 瓣开裂,少数不裂;种子无胚乳。常见的十字花科植物有白菜、甘蓝、榨菜、萝卜、荠、芥菜、花椰菜(图 1-1-6)、芸苔等等。如果没有十字花科的植物,我们的餐桌会变得单调。在我国北方,冬天储存白菜和萝卜、腌制酸菜是尤

其重要的,它们将陪伴人们度过漫漫寒冬。家常的酸菜炖猪肉粉条,传递的是满满的温暖和幸福;过年吃的白菜肉水饺,承载的是人们团圆和蒸蒸日上的生活。

(1)春季栽培一些十字花科植物,调查一下身边的人有没有种植十字花科植物。观察十字花科植物的形态特点,尤其是花的形态和角果形态。

(2)到野外挖掘一些荠,观察荠的果实(短角果),解剖并使用放大镜观察荠的胚。

(3)十字花科植物的缺点就是爱生虫,请想一种办法除虫,并且思考怎样可以生产绿色无公害蔬菜。可以参观当地的绿色无公害蔬菜生产基地,并做好记录。写一篇关于绿色无公害蔬菜生产的实习报告。

(4)日常留意家里的餐桌上出现哪些十字花科的植物,想象一下如果没有十字花科植物,我们的餐桌将失去多少美味。

(5)学习制作泡菜。泡菜有很多种口味:东北酸菜、北京酱菜、韩国辣泡菜、江南腌菜、四川泡菜……总的来说,制作泡菜成功的秘诀就是容器干燥无菌、温度适合有益菌种发酵、蔬菜适当脱水。

(四)蔷薇科 Rosaceae——来自花果山的"精灵"

蔷薇科植物多数草本,少数灌木或者乔木;枝条常具刺及气孔;叶常互生,少数对生,单叶或复叶,托叶常成对附生于叶柄两侧;花雌雄两性,呈辐射状,花

被常与雄蕊愈合成花筒(又被称为萼筒或者花托筒);子房上位或下位,心皮常多数,偶少一个,有一至多个倒生胚珠;果实多样,有梨果、核果、蓇葖果、瘦果等;种子无胚乳。本科中分 3 个亚科,主要区别是果实不同。梅亚科植物的果实为梨果或核果。梨果的外果皮和中果皮没有明显界限;核果的内果皮木质化形成核。蔷薇亚科植物的果实多为聚合瘦果。仙女木亚科植物的果实为瘦果或其聚合果。

仙女木亚科:代表植物有蒿叶梅、仙女木等。

蔷薇亚科:玫瑰、月季花、野蔷薇等都属于蔷薇属 *Rosa*,也就是英文中的 rose。玫瑰是重要的香料作物,可提取玫瑰精油,是高级香水和化妆品不可或缺的原料。月季花(图 1-1-7)是四大鲜切花之一,其余为菊花、香石竹(康乃馨)、唐菖蒲。月季花品种众多,颜色丰富,居世界花坛之首。每种颜色的月季花都有

图 1-1-7　月季花

不同的花语,粉色代表初恋,红色代表热恋,黄色代表道歉,蓝色代表实现不了的爱情等等。野蔷薇可入药,《红楼梦》中有林黛玉配制蔷薇硝来治疗杏斑癣的故事。如果没有蔷薇亚科植物,我们的生活该缺少多少色彩与芬芳!

梅亚科:代表植物有梨、苹果、枇杷、山楂、桃、李、杏、樱桃等等。这些都是我们最爱吃的果品,还可以制作果脯和果干。

自古有曹操望梅止渴,梅亚科植物野生型的口味一般较酸,往往需要嫁接优良品种后才能结出可口的果实。秦汉时期我国劳动人民就已经开始了果树培育,《诗经》中就有赞美桃、李、梅等的诗句,如"桃之夭夭,灼灼其华""丘中有李,彼留之子""摽有梅,其实七兮"。嫁接技术是在汉代以后发展起来的。中国古代劳动人民的无穷智慧值得我们"点赞"。

1. 玫瑰花水和精华液的制作

实验用品:去玫瑰园采摘或者购买一些新鲜玫瑰花瓣,用蒸馏法提取玫瑰花水(玫瑰精油和水的混合溶液)。

实验步骤:

(1)按照图 1-1-8 组装蒸馏装置。蒸馏装置大致分为水冷型和风冷型,都是利用对流的原理来冷却含有精油的蒸汽。

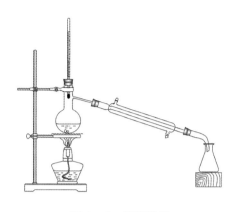

图 1-1-8　蒸馏装置

（2）在烧瓶中放入玫瑰花瓣和蒸馏水，比例为 1∶1。

（3）蒸馏时间控制在 40 min 左右。

（4）得到的是玫瑰精油和水的混合溶液，在有条件的情况下可以进行有机溶剂萃取，获得浓度更高的精油。但是由于玫瑰花含油率并不高，所以我们一般只制作花水，用干净的小容器分装。如果与甘油和白醋按照 1∶1∶1 的比例混合，就变成玫瑰精华液。由于我们没有放入防腐剂，所以务必保证全程的卫生，分装后在冰箱冷藏或者长期冷冻储存。

2. 玫瑰口脂(图 1-1-9)的制作

实验用品：干玫瑰、橄榄油、25 g 紫草浸泡油、3 g 葡萄籽油、5 g 有机蜂蜡、13 g 乳木果油、2 g 玫瑰精油、唇膏管 8 支。

实验步骤：

（1）干玫瑰花 100 g，放入 750 mL 左右的玻璃瓶中，倒入准备好的橄榄油 200 g，盖好盖子，密封保存 3～4 个月。浸泡的瓶子放在向阳处，40 d 左右后更换干玫瑰。

图 1-1-9　玫瑰口脂

（2）用温水清洗准备好的唇膏管，并用酒精消毒，消毒之后风干。

（3）将准备好的玫瑰浸泡油、玫瑰精油、葡萄籽油、紫草浸泡油混合，充分搅拌。

（4）加入准备好的乳木果油和有机蜂蜡，点火隔水加热，加热过程中充分搅拌。

制作的时候一定要保证容器的密闭性良好，避免变质。如果需要不同颜色，可以加入自己喜欢的旧口红，也可以采购专门的调色剂。不用的时候，建议放进冰箱冷藏。

3. 蔷薇硝爽身粉的制作

将蔷薇花粉和花露少量、硝石(含硝酸钾的矿石,治疗头屑和癣的重要中药)、玉米淀粉、冰片、麝香少量等共同混合成爽身粉,用模具压制成型,盛于粉盒中,夏季涂用,清凉芳香,止痒去屑。几种原材料比例随意。如果需要止痒效果好,多加硝石;蔷薇花粉的多少决定颜色的深浅。香料应当少量逐次添加,不应当一次投放过多,否则香气恶劣,易引发过敏。

> **温馨小贴士**
>
> 植物细胞具有细胞壁,破壁非常难,而我们所需的药用物质基本存在于细胞中,因此可以使用石研钵和石磨。石制工具更环保,不易产生二次重金属污染。植物在研粉前应当经过冷水清洗、低温阴干、冷冻 3 个过程,这样更易研磨成细粉。研磨全程避免高温,因为植物的有效成分经过高温会失效。温度越低,细胞壁越容易破裂,越能有效地保存植物的色泽和药性。可使用干冰冷冻法或液氮冷冻法得到植物冻干粉,植物中的有效成分都保存得非常好。

4. 玫瑰永生花的制作

永生花(图 1-1-10)也叫标本花,特点是色彩鲜艳且永不凋谢。永生花使用的鲜花一般以花形紧凑、不易散落为好,多用玫瑰、康乃馨、勿忘草、绣球、兰等,步骤一般是脱水、烘干,而脱色与染色则需视花色的保留程度而设置,此外还可以熏香。永生花不但保留了鲜花的特质,而且颜色更为丰富、香味更为浓郁、保存时间更长,是花艺设计的理想产品。永生花最早在德国出现后,就一直受到广大消费者

图 1-1-10 永生花

的热爱。日本的永生花制作技术较为高超,配合日本独特的花道,因此永生花非常畅销。永生花的制作方法也因花材的不同而异,一般有倒悬法、隔离加热法、冷冻法、硅胶法等等。

实验用品:玫瑰、绳子、晾衣架、玫瑰香精、花瓶等。

实验方法:制作玫瑰永生花一般选择倒悬法,自然晾干得到的永生花颜色保留得最好。将玫瑰倒悬在晾衣架上,放在通风阴凉的地方自然风干,就得到天然的玫瑰干花,稍加整理就可以制作工艺品。如果在摆放过程中,滴上一些玫瑰香精,那就更有真花的感觉了。较易制作干花的花材还有勿忘草、薰衣草、圆锥石头花(满天星)等小而含水量少的植物。含水量较多的植物不易制作成干花,必须使用硅砂干燥剂。

5. 苹果干的制作

实验步骤:

(1)挑选香脆可口的苹果,削皮洗净,切片,不宜太厚,厚度最好为 2~3 mm。

(2)将切好的苹果片放入淡盐水中浸泡 30 min,然后捞出洗净。

(3)将苹果片放入食物烘干机,烘 30 min 左右。如果没有烘干机,可以用烤箱的低温功能或者电饭锅代替。将烘好的苹果片放入网兜,晒干后即可。

6. 果脯的制作

果脯是由新鲜的水果晾晒成干,再经过特殊的制作工艺加工而成的。果脯可以由很多水果制成,如梨、苹果、凤梨、樱桃等。下面以苹果脯制作方法为例。

实验用品:苹果 10 个、盐 10 g。

实验步骤:

(1)将苹果洗净、削皮、切小块,用盐水浸泡 3~5 min,防止苹果块表面氧化。

(2)将苹果块蒸煮 20 min 左右,稍微放凉后放在烤盘里,热风循环 150℃烘烤 60 min,翻面再次烘烤 60 min。

(3)经过两次高温烘烤,此时苹果中的水分大部分被烘干了,将苹果块取出放入蒸锅再次蒸煮 20 min,放凉码盘,再热风循环 100℃烤 5 h。

(4)烤好的苹果脯放凉之后,装袋保存,最好冷冻保存。

7. 山楂酱/糕的制作

实验步骤:

(1)山楂洗净、去核。

(2)将山楂和白糖按 2∶1 的比例放入锅中,加热熬煮,不断翻动,直至没有白沫,水分大约减少 1/2 时盛入干净无水的容器中。山楂富含果胶,因此冷却后就可以凝固成糕体。冷藏储存。

8. 山楂罐头的制作

实验步骤：

(1)将山楂洗净、去核，放入干净的罐头瓶中，加入 3 勺白糖，加水至 9 成满。

(2)放入高压锅中蒸 15 min，趁热拧紧瓶盖，形成真空。可保存数年。

9. 青梅酒的制作

实验步骤：

(1)将青梅洗净、晾干，最好用开水烫一下，有助于香味物质的散发。

(2)将冰糖、白酒、青梅放入玻璃罐中储藏。经数月发酵后，即可饮用。

10. 蜜饯的制作

实验步骤：

(1)将黄梅、李或者杏洗净，用饱和盐水浸泡 24 h，之后洗净盐分，晾干。

(2)锅中加入糖和果子适量的水进行熬煮，当糖水黏稠后，继续收汁，根据需求停火或者继续小火烘干水分，形成软硬干湿不同的蜜饯。

(3)冷凉后罐存。冷藏后食用更佳。

11. 果树嫁接技术

桃树等果树一般是野生型，需要嫁接优秀的品种才能有较高的经济价值。嫁接最好是同属嫁接，种源越近，嫁接越易成活。桃树最佳的嫁接时间是在 3 月中旬，其次是 9 月中上旬。

嫁接时要准备好嫁接工具，如塑料包扎条、刀具等。嫁接工具要烧灼灭菌，减少伤口感染，提高嫁接成功率。

常用的嫁接方法是芽接法：在砧木上选取一个芽眼，用刀在其上下 1 cm 处环剥一次，再将树皮和芽眼一起剥下。在接穗上用同样的方法割一个同样大小的芽苞，将其对齐按入剥下芽眼的位置，紧密贴合，再用塑料包扎条包扎好。一定要将形成层对齐，因为植物形成层有分生组织，能愈合伤口。

(五)唇形科 Lamiaceae——芳香药用植物家族

唇形科植物常为富含挥发性芳香油的草本植物；茎具 4 棱，具对生或互生的单叶；具唇形花冠，轮伞花序；二强雄蕊，子房上位，深 4 裂；花柱侧生；小坚果。

唇形科的代表植物有筋骨草、黄芩、夏至草、藿香、荆芥、夏枯草、益母草、丹参、百里香、紫苏、薄荷、香薷、薰衣草、罗勒、迷迭香、留兰香等等。本科植物由于富含芳香油，所以多作为重要中药和香料植物，具有非常高的经济价值，被大规模栽培和优化品种。

1. 油腺的观察

种植唇形科芳香植物(一般薄荷较普遍),并在显微镜下观察其油腺。在制作切片时,注意不要损坏蜡质层,破坏油腺。

2. 精油的提取和薄荷膏的制作

方法一:蒸汽蒸馏法(参考玫瑰花水和精华液的制作)。

方法二:有机溶剂法。

实验用品:新鲜薄荷叶 50 g、橄榄油 70 g(最后过滤出的油约 40 g)、蜂蜡 9 g。

实验步骤:

(1)新鲜薄荷叶洗净后滤干水分,剪成小块。

(2)将薄荷叶放在玻璃容器里,倒入橄榄油。

(3)小火慢慢水浴加热 1~1.5 h,使薄荷油析出。

(4)将薄荷油过滤,用纱布或者滤网都可以,再静置,使油水分离。

(5)加入蜂蜡,再次隔水加热至蜂蜡融化,搅匀。

(6)倒进密封小瓶里,凉后即呈膏状。如果是涂抹口鼻,可以用旧的唇膏盒来装。如果是涂抹皮肤,可以用旧化妆品瓶子来装。前提是都要洗净后用紫外线消毒。

薄荷的作用主要体现在可以止痛、抗炎、健胃,还可以舒缓情绪、对抗炎症等等。临床上,薄荷经常与其他药物搭配治疗相关疾病,比较常见的是和金银花搭配治疗风热感冒。所以我们可以尝试在薄荷膏配方中加入金银花。薄荷膏可以预防感冒,缓解多种疼痛,蚊虫叮咬、脓包痱子都可以涂。

3. 薰衣草(图 1-1-11)的种植和永生花的制作

种植一些薰衣草,经过春化作用(过冬)后才会开花。开花后采集花束,或者去薰衣草花田参加采摘活动,将花束倒悬在阴凉处,10 d 左右即可制成永生花。薰衣草可以净化空气,美化环境。卧室中放少量薰衣草永生花,可以驱蚊安神,有助于睡眠。

图 1-1-11　薰衣草

(六)豆科 Fabaceae——*经济作物之家*

图 1-1-12　蝶形花

豆科植物花两侧对称,花瓣覆瓦状排列,雄蕊 10 枚,常结合成两体或单体;荚果。豆科中的很多植物具蝶形花(图 1-1-12)。蝶形花是植物演化过程中较为先进的一类花型,进一步向虫媒方向演化,旗瓣的作用增强,龙骨瓣结合,雄蕊和雌蕊往往当昆虫到达时才露出,香气和蜜腺也发达,增强对昆虫的吸引力。国外曾有研究表明,蝶形花的形态对昆虫有性吸引的作用。

豆科有大量经济价值极高的植物:大豆是重要的油料作物,具有根瘤菌,可改善土壤;落花生也是重要的油料作物,原产巴西,种子富含油脂和蛋白质;豌豆、蚕豆、刀豆、菜豆、绿豆、赤豆、扁豆等均可食用;苜蓿可作为牧草;葛可制作人造棉;甘草、黄芪、皂荚可入药;木蓝可作为染料;紫藤可观赏;刺槐是重要的蜜源植物;紫檀、黄檀、花榈木是名贵的木材。

1. 观察蝶形花冠

在春季刺槐开花的时候摘一些刺槐花,认真观察,区分旗瓣、翼瓣、龙骨瓣;观察蜜蜂采蜜,思考不同花瓣怎样起到吸引昆虫的作用。

2. 观察大豆根瘤

大豆的根瘤是根瘤菌侵染形成的。查阅资料,了解根瘤菌的作用。为什么说"种大豆养地"?

温馨小贴士

在这里给大家推荐一个小程序——形色识花。这个小程序可以通过植物某一个部位的照片来识别植物。当我们遇到一种植物,尽量多选择几个角度拍照,用小程序识别,这样会更准确地识别植物。当然,软件毕竟有局限性,准确度有时不高。

(七)菊科 Asteraceae——*植物界的大家庭*

菊科植物常为草本;叶互生;头状花序有总苞,合瓣花冠,聚药雄蕊;子房下位,一室,一胚珠;连萼瘦果,多有冠毛。菊科植物全世界有 1900 余属 32 000 多种,种类之多,只有兰科植物能与之相较。

菊科植物有艾、茵陈蒿、青蒿、苍术、红花、山矢车菊、菊花、向日葵、菊芋(鬼子姜)、雪莲花、牛蒡、大丽花、苍耳、莴苣、生菜、蒲公英、苦苣菜、中华苦荬菜(苦菜)等。

1. 区分筒(管)状花和舌状花

解剖向日葵和菊花等,观察筒(管)状花和舌状花(图 1-1-13)。

图 1-1-13　向日葵的舌状花和管状花

2. 了解青蒿素,尝试提取青蒿素

中国药学专家屠呦呦女士创制的新型抗疟药物——青蒿素和双氢青蒿素,治愈了全世界无数的疟疾患者,获得了 2015 年度诺贝尔生理学或医学奖。青蒿素(Artemisinin),相对分子质量 282.34,分子式为 $C_{15}H_{22}O_5$,为无色针状结晶,熔点为 156～157℃;不溶于水,易溶于丙酮、氯仿、苯和乙酸乙酯,微溶于冷石油醚,实验中也可使用乙醇、乙醚溶解;具有特殊的过氧基团,对热不稳定,易受温度、湿度和还原性物质的影响而分解。青蒿素是目前治疗疟疾效果最好的药物,以青蒿素类药物为主的联合疗法也是当下治疗疟疾的最有效手段。青蒿素主要提取自黄花蒿 *Artemisia annua*(图 1-1-14)。

图 1-1-14　黄花蒿

采取乙醇提取法提取青蒿素：将黄花蒿剪碎，放入无水乙醇中浸泡获得青蒿素提取液，然后低温挥发掉无水乙醇，即可获得青蒿素（纯度不高）。提取到的青蒿素可以用碘化钾淀粉试纸进行显色检测，青蒿素可以将碘化钾中的碘离子氧化成碘单质，试纸呈现蓝色。

3. 采集艾，制作艾绒，学习艾灸

艾叶是菊科植物艾 *Artemisia argyi* 的叶，以湖北"蕲艾"为最佳。夏季花未开时采摘，阴干，除去杂质，生用、捣绒或制炭用。艾叶为中医著名温经止血药，主治流行伤寒、咽喉肿痛、头风面疮、虫蛇咬伤等。艾草油对多种过敏性哮喘有缓解作用，对多种细菌、真菌、病毒有抑制作用。在古代瘟疫流行的时候，熏艾是重要防疫手段。日常用艾和百里香搓绳燃烧也是我国古代人民驱除蚊蝇、预防疾病的做法。艾非常容易辨认，有浓烈香气，背面有白色密毛，采摘后抖掉杂质、阴干、捣碎，就形成一团团艾绒，放置于阴冷干燥处储存。艾绒刚制成时为青绿色，常年储存后绿色褪去，呈灰色乃至金黄色。十年以上的艾绒市场价格极高。不法商贩会用硫黄熏艾以求金黄色泽，但这样做对人体有伤害。我们自己动动手，就可以制出艾绒。感冒初期用艾绒灸百会穴、大椎穴、神阙穴和命门穴，是较为有效的疗法。

（八）葫芦科 Cucurbitaceae——"顶瓜瓜"的大家族

图 1-1-15　葫芦科植物的瓠果

葫芦科植物为蔓生草本，具有双韧维管束，有卷须；叶互生，掌裂；花单性，5 基数，聚药雄蕊，花丝两两结合，1 条分离；雌蕊由 3 心皮组成，侧膜胎座，子房下位；瓠果（图 1-1-15）。

常见的葫芦科植物有各种瓜果，如黄瓜、丝瓜、甜瓜、葫芦、冬瓜、苦瓜、西瓜、南瓜等。其中甜瓜有很多栽培品种，如哈密瓜、白兰瓜、菜瓜、黄金瓜等。此外，葫芦科还有罗汉果、木鳖子、油渣果等经济作物。葫芦科植物全世界有 90 余属近 1000 种。

1. 观察葫芦科植物

栽培一种葫芦科植物并观察卷须茎、单性花、聚药雄蕊、瓠果、侧膜胎座。

2. 天罗水的制作

将丝瓜藤从根处剪断,插入瓶中,沥出的汁液即天罗水,可入药。收集的天罗水,如果希望长期保存,可放置于冰箱软冷冻区域,使其呈半结冰状态。

3. 西瓜霜的制作

西瓜霜的使用可追溯至清代顾世澄《疡医大全》。它具有清热泻火、消肿止痛的功效,主治口腔溃疡、急慢性咽喉炎、牙龈肿痛,被古人称为"喉科圣药"。西瓜霜是西瓜皮和芒硝混合制成的白色霜状结晶,形似盐粒儿,遇热即化。

实验步骤:

(1)选择较生、重3～4 kg的西瓜,在瓜蒂处切开一小口,挖去部分肉瓤,用芒硝装满瓜内。

(2)将切下的瓜皮盖上,用竹签钉牢,悬挂于阴凉通风处风干。

(3)10余天后,瓜皮外面即不断析出白霜,将霜陆续扫下即可。制得的西瓜霜宜存放在石灰缸或密闭于瓷瓶中,置于阴凉、干燥处,防潮、防热。

(九)禾本科 Poaceae——民以食为天

禾本科植物为单子叶植物;茎圆柱形,中空,有节;叶鞘开裂,叶2列,常有叶舌、叶耳;颖果。禾本科分为12亚科,常见的有早熟禾亚科、竹亚科等。

竹亚科植物秆为木质,叶片与叶鞘相连处有明显关节。常见植物有箸竹、牡竹、刚竹、毛竹、桂竹等。竹叶可制船篷、斗笠,包裹米粽;秆可做毛笔、竹筷、乐器(图1-1-16)、竹筏、钓鱼竿、运动器材等,也可劈篾片进行编织;笋可食用。竹还是重要的观赏植物,象征有气节的君子之风。

图1-1-16　竹制排箫

早熟禾亚科植物为一年生或多年生草本,秆通常为草质,无明显关节。常见植物有小麦、大麦、燕麦等,是人类淀粉食物的主要来源。

1. 观察禾本科植物

种植禾本科植物,重点观察其颖果:南方可种水稻;北方可种小麦,了解小麦的春化作用。

2. 竹器制作

用竹子制作一种日常用品，例如乐器、容器、玩具等。

（十）兰科 Orchidaceae——单子叶植物第一大科

兰科植物为草本；花两侧对称，花被内轮 1 片特化成唇瓣，能育雄蕊 1 或 2 枚，雄蕊和花柱结合成蕊柱，子房下位，侧膜胎座；蒴果，种子微小、极多。兰科已知种类近 3 万种。

图 1-1-17　蝴蝶兰

兰科常见植物有三蕊兰、杓兰、掌裂兰、白及、石斛、建兰、墨兰、春兰、蝴蝶兰（图 1-1-17）、天麻等。

1. 了解兰科植物的传粉方式

种植一棵兰花，观察兰花对昆虫传粉的高度适应性，了解食源性欺骗传粉、性欺骗传粉、产卵地拟态欺骗传粉、栖息地拟态欺骗传粉等植物传粉方式。

2. 了解兰科植物的药用价值——为家人制作一份药膳

去市场考察兰科植物石斛和天麻的价格，查资料看看它们分别有助于缓解什么疾病，搜集两份药膳的做法，做给家人食用。药膳结合了我国传统饮食与中药学的精华，巧妙地将中药与某些具有药用价值的食物相配伍，使二者相辅相成，相得益彰。它寓药于食，食药两用，既美味又具有较高的营养价值。

（1）石斛麦冬瘦肉汤：

用料：猪瘦肉 100 g、石斛 20 g、麦冬 30 g、红枣 8 个。

步骤：石斛、麦冬、红枣洗净，用纱布包好。猪瘦肉洗净，切块备用。把全部用料放入锅内，加清水适量，大火煮沸后，小火炖煮 3 h，捡出料包，调味食用。

（2）天麻猪脑汤：

用料：天麻 15 g、猪脑 1 个。

步骤：天麻洗净、切片，猪脑洗净。将猪脑、天麻片放入瓷盆内隔水炖煮 4 h。

第二部分　植物形态学实验

植物有六大器官:根、茎、叶、花、果实、种子。探讨六大器官形态与功能的实验即为植物形态学实验。

一、认识不同植物的根、茎并思考其功能

(一)观察植物的根、茎

准备 4 个花盆,分别种上单子叶植物(小麦、玉米)、双子叶植物(萝卜、洋葱),观察它们根系的不同(直根系、须根系、变态根系)、茎的不同(有节茎、变态茎)。

(二)根的吸水实验

在一个玻璃瓶(最好带有刻度,如止咳糖浆的刻度瓶)装上水,并且倒上一层油膜,防止水分蒸发。放进一株带根的植物(香菜或者芹菜),置于温暖向阳处,每天记录水的减少量,持续一个周。并不是每天减少的水分都一样,为什么? 思考植物器官的功能与环境的关系。

二、特殊植物的探究

在丰富多彩的植物世界中,是不是所有的植物都有六大器官呢?

准备仙人掌、无花果、无根藤、松萝、空气凤梨。观察仙人掌,它为什么演化得没有叶子? 无花果真的没有花吗? 松萝靠什么获得水分? 空气凤梨没有根,是怎样存活的?

三、植物不同根系的探究

观察水培植物大豆苗和小麦苗,分析直根系和须根系的区别,思考哪一种根系更适合植物生存。

四、植物的叶的探究

学会比较叶型、叶脉、叶序的不同。

五、探究植物的茎的多样性与功能的关系

观察竹子、藕、扁豆、地锦(爬山虎)、洋葱等植物的茎,分析茎的多样性(匍

匍茎、块茎、缠绕茎、攀缘茎、球茎)与功能。

六、植物的花的探究

解剖不同的花(漏斗状花、蝶形花、舌状花、管状花、唇形花等)。

七、植物的果实的探究

(一)解剖苹果

将苹果纵切、横切(图 1-2-1),然后观察,重点区分果皮和种皮。

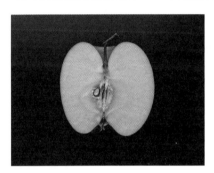

图 1-2-1　苹果纵切(左)与横切(右)

纵切、横切都要操作,学会从不同角度去观察并思考问题。

(二)观察松树的松塔和种子

观察松树的松塔和种子的结构,思考裸子植物与被子植物的区别(表 1-2-1)。

表 1-2-1　裸子植物与被子植物的区别

	根	茎	叶	花	果实	种子
裸子植物	多为直根系	木本,单轴分支	多为针形和鳞片形	孢子叶球,无真正的花	无果实	无双受精,胚乳为单倍体,胚珠有一层珠被,多胚现象
被子植物	直根、须根并存	木本或草本,合轴分支、假二叉分支	形态多样	有真正的花,花各部轮状排列	种子不裸露,包被在果皮之内	双受精,胚乳是三倍体,胚珠有两层珠被,单胚

八、植物的种子

区别单子叶植物和双子叶植物的种子(表 1-2-2),解剖一粒黄豆和一粒玉米,观察胚在哪里,是不是都有胚乳、子叶。

表 1-2-2　黄豆和玉米种子的区别

	黄豆	玉米
胚	都有胚根和胚芽	
胚乳	无	发达
子叶	两片子叶	一片子叶

九、制作并观察植物细胞临时装片

制作洋葱内表皮细胞临时装片并观察。

实验用品:洋葱鳞片叶、黄瓜、黑藻、载玻片、盖玻片、染液、镊子、刀片、清水、吸水纸、滴管、显微镜、擦镜纸。

实验步骤:

(1)用擦镜纸将载玻片和盖玻片擦拭干净。

(2)将载玻片放在实验台上,用滴管在载玻片的中央滴一滴清水。

(3)用镊子从洋葱鳞片叶内侧撕取一小块透明薄膜(内表皮),把内表皮放入水滴中展平;若使用黄瓜,则用刀片刮取少量表层果肉,涂抹在载玻片上;若使用黑藻,则取一小片叶直接放在载玻片上。需要练习徒手切片法制作叶片切片和根尖切片的技巧。

温馨小贴士

自制薄片切片器:两片双面刀片中间夹一张纸,并排在一起,一侧用胶布粘牢。切割时右手紧捏刀片,迅速切割叶片。每切割一次,刀片都要蘸水。切割多次后,将夹缝中的薄片放入水中,用毛笔蘸出最薄的一片,制成临时装片。如果不使用切片器,则左手固定材料,食指在上,拇指在下,防止割伤手指,右手执单面刀片进行切片。

(4)用镊子夹起盖玻片,使盖玻片一边先接触载玻片上的水滴,缓缓地放下,盖在要观察的材料上,避免出现气泡。

(5)如果材料本身没有颜色,还可以进行染色。把一滴染液滴在盖玻片的一侧,用吸水纸在盖玻片的另一侧吸引,使染液浸润全部标本。

(6)用吸水纸将装片上的水和染液擦净,不要污染显微镜镜头。

(7)将做好的玻片标本移至显微镜视野中央,即可观察(用低倍镜,即目镜与低倍物镜的组合)。

(8)依照在低倍显微镜下观察到的物像,选其中一个细胞,画出各部分结构,周围的细胞只勾出轮廓即可。

生物绘图注意事项:

(1)绘图的大小要适当,要写实,不做虚假绘图,不刻意美化。绘图在报告单上的位置要适中,一般稍偏左上方,以便在右侧和下方注解并书写学名。

(2)先根据观察到的物像,用削尖的铅笔(一般用 2H 绘图铅笔)轻轻画出轮廓,经过修改,再正式绘图,务必使图形真实。还可以使用红蓝铅笔进行补充绘制。

(3)图中比较暗的地方要用细点表示,不能涂阴影。越暗的地方,细点应越密集。

(4)文字说明一般注在图的右侧。用尺引出水平的指示线,在线旁注字,注意使用学术用语。

(5)在图的下方书写所绘图形的名称(学名)、时间、绘制者等。

显微镜使用守则:

(1)调节光线:加强亮度,则放大光圈,换凹面镜,调节反光镜的角度使其朝向光源,增加光源光强;调低亮度则相反。

(2)安装临时(永久)装片:将装片平放在载物台上,用夹片固定好。

(3)调节焦距:用低倍物镜对准通光孔,先用粗准焦螺旋、后用细准焦螺旋将镜筒自下而上地调节,左眼通过目镜观察视野的变化(右眼负责绘图),直至视野清晰为止。注意避免物镜压破玻片。低倍镜观察清楚后换高倍镜进行观察,换上高倍镜之后禁止使用粗准焦螺旋。

(4)移动装片:如果在视野中没有被观察对象,移动原则为"欲上反下,欲左反右"。

(5)显微镜维护:将装片取下,载物台降到最低,使用专门的清洁软布擦拭显微镜,盖上罩子,避尘避光存放。

第三部分　植物生理学实验

一、探究植物蒸腾作用的相关实验

(一)植物蒸腾作用实验的两种做法

(1)将大叶子的植物所在的花盆用透明塑料袋罩起来,放在温暖向阳的地方一昼夜,第二天观察。袋子里面是不是有很多水珠? 这体现了叶子的蒸腾作用。如果将大叶子的植物换成针叶小松树或者仙人球,结果会是怎样呢? 如果在野外迷路了,没有水源,应当怎样获得饮用水来自救? 为什么秋天大叶子的植物会落叶,松树不会落叶?

(2)在 3 个大小相同的玻璃瓶里装上等量的滴有蓝墨水的清水,准备 3 朵白色或浅色玫瑰(茎部留有 30 cm),1 号、2 号保留叶片,3 号去掉叶片,均插到蓝墨水中。分别将 1 号、3 号瓶子放置在阳光下,2 号放置在阴暗处,哪朵花最先变成"蓝色妖姬"?

(二)探究植物茎的水分运输方式

取一段带叶茎,剪去茎的下段后迅速放入滴有几滴红墨水的水里,在光照下放置 3~4 h。你会发现叶脉红了,整个叶片都有些红,而茎的表面却没有红。红墨水是怎样进入叶片中呢? 请你将茎横向切开,看看能不能从横切面发现什么。然后再纵向切开,看看能不能从纵切面发现什么。和朋友讨论:水分在茎内的运输途径是怎样的?

(三)探究植物对空气湿度的影响

准备一个干湿计,在一天之内分早、中、晚 3 次,分别对裸地、草地、树林进行湿度测量,从而探究植物对空气湿度的影响。多测几组,取平均值。注意记录天气情况,观察晴天、阴天或雨天对空气湿度的影响,以及季节变换对空气湿度的影响。

二、探究植物生长和繁殖的奥秘——一个贯穿小学、初中、高中学段的实验

(一)小学阶段要求:培养植物并且观察它们

准备一个花盆(花盆多么有用),装上营养土(如果你不想将野外的虫子带

回家,请记住买营养土,不要用野外的土),将大蒜(石蒜科葱属植物)的鳞茎掰开,分别种上,记得经常浇水。慢慢地你就有蒜苗吃了。等到大蒜抽薹的时候,你还有蒜薹(蒜薹实际上是蒜的花轴)吃。记得别都吃了,留一棵继续种。做生物实验有一个好处,就是经常有无公害蔬菜吃! 还不快动起手来? 记得记录实验过程,见表 1-3-1。

表 1-3-1　测量的蒜苗高度

单位:cm

编号	第 3 天	第 6 天	第 9 天	第 12 天	第 15 天	第( )天
1 号						
2 号						
3 号						
4 号						

温馨小贴士

如果你觉得使用花盆和土太麻烦,还可以水培大蒜,用一个水盆就可以。大蒜的球茎不能没入水中,想办法垫起来,只有根可以在水中。水要经常换,否则大蒜会烂根。水培的蒜苗由于缺乏营养,长势会不太好,可以添加水培营养液,为植物提供生长所需的营养。

(二)初中阶段要求:对某种植物进行无土栽培并且分析植物生长需要的条件

比较玉米幼苗在蒸馏水和土壤浸出液中的生长状况。选择大小、长势相差不大的玉米苗,分成两组,一组使用蒸馏水进行培养,一组使用土壤浸出液进行培养,记录玉米苗的生长态势。

(三)高中阶段要求:探究光照、温度、激素等影响植物生长的机制,评述植物生长调节剂的应用

探究生长素类似物促进插条生根的最适浓度。例如,2,4-D 可由植物营养器官吸收,被转移到分生区起作用。它是一种人工合成生长素类似物,生理活性高,能促进植物的生长,作用浓度仅 2.5～15 mg/kg,还有保鲜的作用。2,4-D 的用途随浓度而异:如果想促进生根、保绿、刺激细胞分化,应使用 0.5～

1.0 mg/kg 较低浓度；如果想坐花坐果、诱导无籽果实形成和果实保鲜等，则需要用1～25 mg/kg 中等浓度；如果想用作除草剂，则需要用高达1000 mg/kg 的浓度。

实验用品：2,4-D、富贵竹或者月季、烧杯。

实验步骤：

2,4-D 难溶于冷水，配制时需要先用少量的75％～95％酒精或者用高纯度白酒溶解，再加水稀释至适宜浓度。本实验需要配制梯度浓度，根据最适浓度配制5个浓度梯度，将富贵竹或者月季插条，放入浸泡一夜，置于清水中培养，比较生根的速度和数量。记录、比较结果，验证最适浓度。

常用的植物生长调节剂还有赤霉素、细胞分裂素等，我们也可以用相同的方法来进行验证其最适浓度。在实践中使用生长调节剂时，一定要注意浓度，这对农业生产意义重大，因为浓度不同，效果不同甚至相反。

（四）实践活动：植物的繁殖（繁殖多肉植物）

去植物栽培基地参观，体验插叶繁殖、分株繁殖、压条繁殖、打头繁殖等植物繁殖方法，尝试自己繁殖一盆美丽的多肉植物（图1-3-1）。

图 1-3-1　多肉植物

三、探究种子的发芽——一个非常实用的实验，学会了就可以生肥美的大豆芽

（一）小学阶段要求：探索种子发芽条件

猜想一下：种子发芽需要什么条件？除了水、空气，还有什么？

实验步骤：在适宜的温度下，1号盘的种子用湿润的纱布覆盖，2号盘的种子用干燥的纱布覆盖。每天观察两个盘内种子的变化。

查找资料，了解种草莓时覆盖地膜的作用。

(二)初中阶段要求:探究种子萌发的环境条件

需要学会设置自变量和因变量,控制无关变量。

实验用品:黄豆 80 粒,培养皿 4 个,滤纸 8 张,4 张分别标有 A、B、C、D 的标签,胶带。

实验步骤:

(1)在 A 培养皿里,放入两张干燥的滤纸,放入 20 粒黄豆,盖上盖,用胶带密封,置于室温环境。

(2)在 B 培养皿里,放入两张湿润的滤纸,放入 20 粒黄豆,盖上盖,用胶带密封,置于室温环境。

(3)在 C 培养皿里,放入两张滤纸,放入 20 粒黄豆,倒满清水淹没种子,盖上盖,用胶带密封,置于室温环境。

(4)在 D 培养皿里,放入两张湿润的滤纸,放入 20 粒黄豆,盖上盖,用胶带密封,置于冰箱冷藏室里。

实验结果:通过观察,发现只有 B 培养皿中的种子发芽了。

实验结果分析:首先要确定变量,变量有自变量、因变量、无关变量。在相同的温度下,A 组种子缺少水分,所以它不发芽;B 组种子有充足的水分,所以它发芽了。这两组间水分是自变量(原因),种子是否发芽是因变量(结果),A 组为实验组,B 组则为对照组,温度为无关变量,应该保持一致。C 组和 B 组相比,自变量变成了空气,C 组种子未发芽是因为它被完全浸泡在水中,与空气隔绝。D 组和 B 组相比,自变量是温度,D 组种子也因缺少适宜的温度而未发芽。在任何实验中,自变量是唯一的。无关变量要保证一致,因变量才有可比性。对于 A 组和 B 组,温度和空气是无关变量,要保证一致,结果可比较。而 A 组与 C 组、C 组与 D 组间由于无关变量不统一,不能进行比较。

(三)探究测定种子的发芽率

实验采用抽样检测法。实验所用的种子要有代表性,数量要合适,确保随机取样。从储存种子容器的不同位置多点取样,然后充分混匀,最后取出 100 粒左右,分成几组进行测定,每组数量一样,环境条件一致。应标明种子的品种名称及来源,以防出现差错。每天记录萌发的种子数。测定种子发芽率的方法很多,归纳起来有以下两种。

（1）直接测定发芽率法。在盘子或培养皿里铺上两层预先浸湿的经紫外线消毒的吸水纸，将选好的种子铺在上面，然后加清水淹没种子，约 5 h 后倒掉多余的水，使种子与空气充分接触，之后随时喷雾保持湿润，经过 3 d 左右开始每天记录发芽粒数，计算发芽率：发芽率＝发芽的种子数/供检测的种子数×100%。重复测定 3 次，取 3 次平均值作为测定结果。

（2）间接测定发芽率法。由于活种子的细胞膜具有选择透过性，某些染剂（例如红墨水中的苯胺类染剂）不能渗透到活细胞中去，因此不会染色，而失活细胞可被染上颜色。测定前先将新鲜的种子 200 粒浸于清水中 2 h，然后取出，平分成两份，一份直接进行测量，一份煮熟后进行测量。用解剖刀将胚部切成两半，取一半浸入红墨水稀释液（10×）1 min 左右，然后用清水轻轻冲洗，立即观察胚部着色情况。种胚未染色的是有生命力的种子，完全染色的为无生命力的种子，部分斑点着色的是生命力弱的种子。未被染色的种子越多，预测发芽率越高。

（四）种子萌发温度的测量

实验用品：生、熟黄豆种子各 500 粒，保温瓶，棉花团，温度计。

实验步骤：将死亡的熟黄豆和已萌发的黄豆种子分别放入保温瓶中，用棉花团塞住，插入温度计（图 1-3-2），每天记录温度计的温度，绘制曲线图（图1-3-3）。

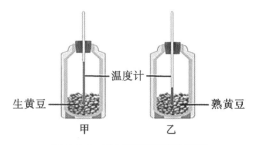

图 1-3-2　种子萌发温度的测量

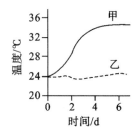

图 1-3-3　种子萌发温度曲线图

（五）种子萌发产生 CO_2

实验用品：广口瓶、漏斗、萌发的黄豆种子、澄清石灰水。

实验步骤：按图 1-3-4 连接实验装置。过一段时间，向瓶子里注入清水，观察试管里的澄清石灰水是否发生变化。

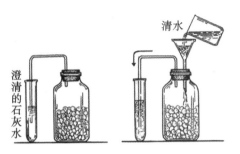

图 1-3-4　种子萌发产生 CO_2 实验装置图

四、植物病虫害的研究与防治——当个植物小医生

(一)认识并制作几种常用防治病虫害的药物

实验用品: 生石灰、硫黄、硫酸铜、烟草、艾草、苯甲·嘧菌酯(抗真菌)、吡丙醚(保幼激素类,杀虫卵)、呋虫胺(烟碱类杀虫剂)、噻虫嗪(烟碱类杀虫剂)、乐果(有机磷杀虫剂)。

实验步骤:

(1)确定病原:常见害虫有蚜虫、白粉虱、介壳虫、叶螨等,发生虫害时,一般肉眼可见虫体、虫卵;真菌侵染的病株多腐烂、萎蔫、畸形,具坏死斑点、霉状物、粉状物等,如白粉病、小麦赤霉病;细菌侵染的病株多具溃疡、腐烂、坏死和菌脓,如软腐病、稻瘟病;病毒侵染的病株周围常有健株,病株呈畸形、褪绿或花叶,如烟草花叶病毒。如果不能确定,则可拍照或者取样,去当地的农科所咨询。

(2)配制相应的药物:针对不同害虫使用的农药也不同。针对蚜虫、叶螨等刺吸式口器的害虫,一般使用乐果等胃毒素杀虫剂效果较好;针对咀嚼啃咬的害虫(地蛆),一般使用神经性毒素触杀剂,比如噻虫嗪、呋虫胺等等;针对介壳虫、白粉虱,还经常使用保幼激素类农药直接杀灭虫卵。

下面重点介绍一下石灰硫黄合剂(石硫合剂)和波尔多液的使用。石硫合剂既能杀虫杀螨又能抗菌防腐,其中的钙离子和硫还可以作为植物生长需要的营养被吸收。石硫合剂还可以作为园土消毒剂使用。波尔多液重在抗菌,是种植葡萄的必备药物,可通过释放可溶性铜离子而抑制病原菌孢子萌发或菌丝生长。

石硫合剂的配制与使用方法:

①将 10 份水在容器中烧热至 40~50℃,然后投入 1 份生石灰,石灰遇水后溶解放热成石灰浆。此过程应戴好护目镜和手套,穿好防护服。

②用少量温水将 2 份硫黄粉调成糊状,慢慢倒入石灰浆中,边倒边搅拌,继续加热、搅拌,二者充分混匀,记下水位线。

③用强火煮沸 1 h 左右,待药液熬成红棕色、残渣呈黄绿色时,停火。用热水补足蒸发所散失的水分。冷却后过滤残渣,就得到红棕色石硫合剂原液。在熬制过程中如果产生泡沫,可加入少量氯化钠去除泡沫。

④稀释倍数计算:加水量(千克)=原液浓度/稀释液浓度-1。使用 25 波美度的石硫合剂原液配制 5 波美度的石硫合剂溶液,加水量为 25/5-1=4(kg),也就是 1 kg 原液兑 4 kg 水。药液使用浓度应根据植物的种类、生长期、病虫害、气候等而定。休眠期(早春或冬季)喷施浓度高,发芽前通常用 5～8 波美度的药液;对于介壳虫虫害严重的情况,可使用 10～12 波美度的药液;发芽后施用的药液一般不能超过 0.5 波美度。

⑤用药方法:细致、全面、均匀地喷施,树体和地面都要喷到。尽量选择无风好天时喷施,有风时可喷施两遍。

注意事项:熬制时,要用生铁锅,使用铜锅或铝锅会影响药效;不能用铜、铝容器贮存,可用铁质、陶瓷、塑料容器。

波尔多液的配制与使用方法:

①根据树种或品种敏感程度、防治对象、用药季节的不同,配制比例不同,可分为等量式(硫酸铜、生石灰质量比为 1∶1)、倍量式(硫酸铜、生石灰质量比为 1∶2)、半量式(硫酸铜、生石灰质量比为 1∶0.5)、多量式(硫酸铜、生石灰质量比为 1∶5～1∶3)。水一般为硫酸铜质量的 200 倍。

②以 0.5％的等量式波尔多液配制方法为例。生石灰要求洁白并且杂质少。将 200 份水分为两等份,一份用于溶解硫酸铜,另一份用于溶解生石灰。事先戴好护目镜和手套,先加一点热水,让其充分反应,形成石灰泥,过筛除去杂质后,将其加入剩余的水中,制成石灰乳。两种药液制成后可在容器内分开储存,现用现配。配药时把两种药液等量倒入另一容器内,边倒药液边搅拌,搅匀后放入喷雾器内。

注意事项:波尔多液是一种以预防保护为主的杀菌剂,喷药应均匀细致。阴天、有露水时喷药易产生药害,不宜喷药。不能用金属容器盛放波尔多液。喷雾器用后,要马上清洗,以免腐蚀喷头。波尔多液必须现用现配,放置 24 h 后不宜使用。

(二)自制简易农药

烟草水:用烟草煮水代替烟碱类农药,效果非常好。烟草水对幼虫和成虫均有很强的杀灭效果,对蚜虫、介壳虫等均有杀灭作用。50 g 干烟草加 1 L 水,水开后煮 10 min 即可。使用时可均匀喷洒在植物表面。

艾草水:艾草中有很多抗菌物质,对软腐病、白粉病均有一定效果,而且气味芳香,还有防蚊虫的作用。艾草中有芳香物质,因此煮沸时间不应过长,水开后再煮 5 min 即可。

橘皮水:将吃剩的橘皮切成小块,泡在水中发酵,之后用来浇植物,既可以驱除"小黑飞",又可以给植物提供必要的生长元素,而且气味芬芳。

(三)研究农药污染问题——《寂静的春天》

美国的蕾切尔·卡森(图 1-3-5)著有《寂静的春天》,其中有一段描写:"农场里的母鸡在孵蛋,却没有一只小鸡破壳而出。农夫们都在抱怨养猪已经变成了一件难于登天的事——新生的小猪仔个头奇小,即便能够存活下来,也只有数天寿命。苹果树就要进入开花的季节,却没有嗡嗡的蜜蜂在花间来回飞梭、辛勤授粉,所以苹果花无法结出果实。"这一切都是因为人们过度使用化学农药——"死神的特效药"污染了我们的水和土壤,侵入家畜和野生动物体内,潜存下来并通过食物链富集,造成了人类的很多严重疾病。

图 1-3-5 蕾切尔·卡森 (1907—1964)

调查一种农药的使用现状和潜在危害,例如 DDT。

第二章　养一只宠物就可以做的动物学实验

　　大生物科学中的动物学是尤为重要的一门科学。动物学的研究对象范围很广，从单细胞生物到脊椎动物，从变温动物到恒温动物，从卵生动物到胎生哺乳动物。动物学的应用也是非常广泛的，病虫害防疫、动物医学、水产养殖、珍稀动物保护等等都属于动物学范畴。我国基础教育生物类教材大约从小学一年级下册就开始讲解动物的运动和习性，初中八年级上册基本上全是动物分类学：无脊椎动物从腔肠动物门和扁形动物门开始，到线形动物门和环节动物门，再到软体动物门和节肢动物门，按照门撰写；脊椎动物从鱼纲到两栖纲、爬行纲，再从鸟纲到哺乳纲，按照纲编写。课本从形态构造到生活习性，涉及许多观察和解剖的内容。动物学可谓是生物学中最有趣的一门了，我敢说世界上没有一个孩子不喜欢小宠物，也没有一个孩子不能学好动物学。亲爱的同学们，快带上父母，和张老师一起养宠物，做动物学实验吧！当然这里一定要强调安全问题。从野外带回来的动物一定要隔离饲养，捕捉和饲养的时候要佩戴手套，避免被咬伤，更不要妄想食用它们。野生动物体内有许多寄生虫和病毒、细菌等，2002年的严重急性呼吸综合征（SARS）就是果子狸携带的病毒引起的，狂犬病到目前为止都没有任何药物可以有效治疗。为了满足口腹之欲而伤害野生动物，既不文明，又违反法律。遇到珍稀的野生动物或三有动物，只可以观察，不可以带回家哦！我们爱动物实验，也要拒绝当"野蛮人"，要做文明守法的公民！

温馨小贴士

　　同学们为了学习动物学，可以在家中饲养宠物，但是一定要注意宠物卫生状况，定期带宠物进行体检、做体内外驱虫，定期为宠物洗澡。尽量不饲养野生动物，因为野生动物长期在野外，身上有寄生虫、病毒、细菌。如果收养流浪动物，请务必带它们到专业的宠物医院注射疫苗、洗澡、驱虫、体检。不与动物密切接触，请尽量给它们独立的空间。

第一部分　无脊椎动物实验

一、腔肠动物门

重点特征：动物体呈辐射对称，仅具二胚层，是最原始的后生动物。外胚层、内胚层和中胶层组成体壁；内胚层形成的内腔为消化循环腔，有口，无肛门；体壁中有含毒性物质的刺细胞；大部分具有支持和保护功能的外骨骼，外骨骼多由石灰质、几丁质和角质构成；生殖方式有无性生殖和有性生殖，水螅型通过无性出芽产生水母型，而水母型用有性生殖方式产生水螅型，两个世代交替完成整个生活史。腔肠动物（除栉水母）约 11 000 种，常见的有 3 个纲：水螅纲（Hydrozoa）、钵水母纲（Scyphozoa）、珊瑚纲（Anthozoa）。

重点动物：水螅、水母（如海蜇）、海葵、珊瑚。

（一）水螅的捕捉和饲养

水螅身体圆筒形，口周围有触手，是捕食的工具，体内有一个空腔。水螅为多细胞无脊椎动物，附着在池沼、水沟中的水草或枯叶上。在我国南方河流湖泊较多的区域，水螅通常生活在水流缓慢、水草繁茂的淡水中。我们可以采用捕捞勺捕捞水螅，不要使用网。捞上后将水样放置在透明罐头瓶中，对光验看有无水螅，有的话，再捞一些水草，带回家饲养观察。可用高倍放大镜观察活体。

有条件的话，可以进行水螅切片的观察。取水螅体纵切片在低倍镜下观察，找到口、消化循环腔、触手、体壁（分为外胚层和内胚层，外胚层上有刺细胞，内胚层有腺细胞，内、外胚层间为中胶层），绘图并注明各部分名称。

（二）海蜇的捕捉

海蜇 *Rhopilema esculentum*（图 2-1-1）属钵水母纲，是生活在海中的一种腔肠动物，可食用。伞部白色，可制成海蜇皮；下有 8 条口腕，其下有丝状物，可制成海蜇头。青岛渔家有"海蜇宴"，远近闻名。海蜇一般夏季较多，浴场中经常有人被海蜇蜇伤。海蜇的毒性非常强，轻则致人过敏、剧痛，重则危及生命，所以一定不要让未成年人靠近海蜇，可由家长帮助捕捉。海蜇运动能力很差，基本上是随波逐流，所以可以逆着潮水进行网捕。海蜇身体 90% 以上都是水，捕捞后易"化",所以需要用盐和明矾处理,挤干水分,才能保存。按鲜海蜇体重 0.2%～0.6% 的比例配制明矾的水溶液,腌渍 2 d,使鲜海蜇收敛,排出水分,此谓"初矾"。然后按初矾海蜇体重的 12%～20% 加盐,按体重的 0.5%～0.8% 加明矾,再腌渍 7～10 d,进一步排出水分,此谓"二矾一盐"。腌制以后的海蜇没有毒性,我们可以放心地解剖观察,之后还可以美餐一顿。

图 2-1-1　海蜇

(三)"水中之花"——海葵的捕捉和饲养

海葵是生长在海里或者淡水中的动物,看上去很像花朵,但其实是捕食性动物,几十条触手上都有刺细胞,能释放毒素。

图 2-1-2　海葵与小丑鱼

如果说捕捉海蜇需要冒着被蜇风险的话,那么捕捉海葵则是轻而易举的,张老师强烈推荐海葵的饲养。海葵生长在岩石缝隙中或者沙中。为了完整地获得海葵而不伤害海葵,我们需要用凿子和锤子将它附着的岩石和沙土一起带回家,同时捕捉一些小鱼、小虾供海葵食用。可以购买海水精配制海水;如果你去海边不麻烦的话,当然还是用天然的海水更好一些。海葵很美丽,可以作为重要的观赏动物。高级的海水生态缸中,海葵必不可少,例如饲养小丑鱼,就必须配置共生的海葵,小丑鱼会生活在海葵中(图 2-1-2)。动画电影《海底总动员》里有一条"明星"小丑鱼,一时间引起小丑鱼饲养热潮,同时海葵身价暴涨,一只美丽的热带海葵价格可达几百元。做生物实验的优越性又体现出来了——我们不但有好吃的海蜇,还有美丽的海葵生态缸,甚至可以获得经济收益。

(四)"海底价值连城的宝贝"——珊瑚

珊瑚属腔肠动物门珊瑚纲,均为海产,是本门中最大的一个纲,全世界有 7000 多种。珊瑚纲分为八放珊瑚亚纲及六放珊瑚亚纲。根据骨骼质地和水螅体大小,珊瑚又可分为大水螅体石珊瑚、小水螅体石珊瑚、软珊瑚以及海葵等几种类型。珊瑚礁生态系统也被称为"水下热带雨林",许多珊瑚个体色彩绚丽,在碧蓝的海水中,比陆地上鲜花还要婀娜多姿。珊瑚砂形成的珊瑚沙滩,洁白细腻,非常适合旅游度假与潜水运动。近年来海水珊瑚缸的流行,使软体活珊瑚在水族行业中具有极高的经济价值。石珊瑚本身也是一种工艺品,还可以加工成为珠宝首饰。石珊瑚的化学成分主要为碳酸钙,主要以微晶方解石集合体形式存在,形态多呈树枝状,上面有纵条纹,横断面有同心圆状和放射状条纹,颜色常呈白色、黄色。柳珊瑚目的红珊瑚 *Corallium rubrum*(图 2-1-3)在我国古代是只有皇家才可以使用的贡品,有很高的药用价值,还可制作各种名贵镶嵌类首饰。近年来人们的过度开发使许多珊瑚濒临灭绝,因此我们应该加大对珊瑚礁的保护。

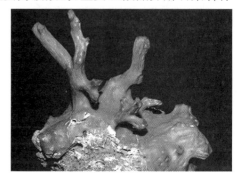

图 2-1-3　红珊瑚

二、扁形动物门

重点特征:身体呈两侧对称,背腹扁平;有口,无肛门;消化系统很简单,生殖系统却特别发达,适应寄生生活;能引起动物和人体多种寄生虫疾病。

重点动物:涡虫、血吸虫、绦虫、华支睾吸虫等。

(一)涡虫的捕捉和观察

在清澈的溪流中的石块下,有时会发现形状像柳叶的涡虫。它们头部呈三角形,具有两个感光眼点;身体两侧对称,有口,无肛门。捕捉涡虫后可喂食水蚤,观察消化后的食物残渣从口排出。

(二)扁形动物门各种寄生虫标本的观察

学校到标本厂采购华支睾吸虫、绦虫、血吸虫的标本,供学生观察,让学生知道各种寄生虫病的症状和预防措施。过去卫生条件差,很多人会得寄生虫病,后来我国大力发展卫生教育事业,寄生虫病发病率一度降低很多。但是目前由于饮食习惯的改变,有许多人为了追求美食,生吃海鲜,乱食用野生动物,饲养宠物不按时驱虫、注射疫苗,造成一些恶性寄生虫病死灰复燃。

(三)给宠物检查寄生虫,思考怎样预防和治疗宠物寄生虫病

狗、猫的寄生虫分为体内寄生虫和体外寄生虫,体外寄生虫一般是节肢类动物如螨虫、虱子、跳蚤等,体内寄生虫一般是扁形动物和线形动物。上网搜索

宠物类寄生虫用药,说明它们的作用。

三、线形动物门和环节动物门

重点特征:线性动物和环节动物形态相似,身体都是线形或条形,但是两者还是有一定差别的:环节动物身体是由许多相似的体节组成的,具有真体腔;而线形动物不具有体节,原体腔,整个身体呈圆柱形。

重点动物:线形动物主要营寄生生活,如蛔虫、蛲虫、钩虫等;环节动物有蚯蚓、沙蚕、金线蛭等。

(一)蛔虫的驱除

学习人和动物驱蛔虫的方法,为宠物定期驱虫。蛔虫在人体内可以游走,如果进入重要器官会有生命危险。一般出现消瘦、肚子胀痛、恶心等现象时,就要考虑是否是蛔虫病。

(二)蚯蚓或沙蚕的解剖

挖取一只蚯蚓,海边的同学可以挖取沙蚕,置于蜡盘中,从肛门剪至口,用解剖针划开体壁与肠间的隔膜联系,用大头针沿体壁切口处,每隔 5 节,将两侧体壁分别钉在蜡盘上。最后在虫体上滴少量清水,进行观察。

(三)蚯蚓再生实验

蚯蚓为环节动物门,身体每一节都基本相同,具有再生能力。将一条蚯蚓横切为二,分别培养,会得到两条蚯蚓。

四、软体动物门

重点特征:柔软的身体表面有外套膜,大多具有贝壳;运动器官是足。
重点动物:河蚌、扇贝、蛤蜊、鲍、乌贼、蜗牛等。

(一)蚌的解剖及珍珠的获取

取一只珍珠蚌如马氏珠母贝 *Pinctada martensii* 进行解剖,观察其外套膜、鳃、足等结构,挖取珍珠,如果珍珠成色较好,可以钻孔制作项链。珍珠分为有核珍珠和无核珍珠。天然的珍珠大都有核。沙子等异物进入蚌的外套膜中,蚌分泌珍珠层将其层层包裹形成珍珠。目前人工养殖的珍珠大多为无核珍珠,是人工机械伤害蚌的外套膜形成的。制作珍珠粉的珍珠必须是无核珍珠。珍珠是三大有机宝石之一(另外两种为珊瑚、琥珀),具有非常高的经济和观赏价值。珍珠粉可以入药,有安神、明目的功效。同学们可以讨论研发一款珍珠产品或者饰品。

(二)参观牡蛎或鲍的养殖基地

牡蛎、鲍是重要的海鲜食材,经济价值非常高,味道鲜美,营养丰富。牡蛎俗称海蛎子、蚝等,是世界上第一大养殖贝类。牡蛎的含锌量居人类食物之首。中医认为牡蛎有治虚弱、壮阳、降血压、解丹毒的功能。牡蛎肉熬汁浓缩后称"蚝油",制成干品即传统的名产品"蚝豉"。富含碳酸钙的牡蛎壳是珍贵的药用资源,可制补钙剂及化工原料等。

鲍鱼是名贵的海珍品之一,被誉为"海洋软黄金"。《药典》中记载,鲍壳又称石决明,可平肝潜阳、除热明目,对头痛眩晕、目赤翳障、视物昏花、青盲雀目等具治疗功效。我们可以去海水养殖基地参观,了解养殖牡蛎或鲍的方法及海水的污染对养殖业的影响,并可参与水质检测。养殖方法大体有海上筏式养殖、陆上工厂化养殖、岩礁潮下带沉箱养殖、底播放流增殖等方法。可以咨询当地养殖户近年来收成如何、是否受赤潮等海洋灾害的影响,并且品尝牡蛎或鲍,发明一款牡蛎或鲍的菜肴,做给家人尝一尝。

五、节肢动物门

重点特征:体表有坚韧的外骨骼,异律分节;定期蜕皮;开管式循环系统;链状神经系统。本门种类占所有已知动物种数的 80% 以上。

重点动物:昆虫类如蝗虫(图 2-1-4)、蜜蜂、蝉等,甲壳类如虾、蟹、藤壶等,螯肢类如蜘蛛、蝎子、鲎等,多足类如蜈蚣、马陆等。对人体有害的如蚊、蜱、螨等。实验模式动物如果蝇。

图 2-1-4　蝗虫

(一)蝗虫的捕捉、饲养、观察及蝗灾的防治

网捕蝗虫,饲养并观察蝗虫的形态(头、胸、腹的分布,附肢的个数,翅的形态,咀嚼式口器的形态)。观察蝗虫的变态过程、交配行为。调查当地蝗虫的密度和蝗虫对农业的影响。思考如果当地发生了蝗灾,应当如何应对。写一篇调查报告。

蝗灾的防治方法：

（1）幼虫期捕杀：蝗蝻（蝗虫若虫）出土 10 d 内，还不会飞，此时用敌百虫粉喷撒于杂草上或用敌敌畏烟剂熏杀。施药后一周还要加强监测防治效果，对效果差的地段应及时补杀一次。

（2）化学诱杀法：将稻草切成长十几厘米的段，放入人尿 50 kg，加入 50% 可湿性敌百虫 0.05～0.1 kg 配制的药液中，浸没 8 h，于晴天早晨分散堆放于蝗虫多的地方。

（3）飞机喷洒法：该法是目前最有效的灭杀蝗虫方法，杀虫率高，灭杀范围广，但成本高，而且严重污染环境。

（4）生物防治法：山东东营地区采用蝗虫天敌——中国雏蜂虻法灭蝗比较成功；新疆等地采取牧鸭、牧鸡等方式消灭蝗虫，效果也比较明显；广东省昆虫研究所曾将 2000 只鸭子引入农田捕食水稻蝗虫，结果把 4000 亩（约 2.67 km²）水稻地里的蝗虫消灭得干干净净；园蛛、狼蛛、猫蛛等挂网田间可捕食蝗虫幼虫。具体方法是收割后把稻草堆放在田里，为蜘蛛营造良好的生活环境，或者在收割前后将发现的蜘蛛卵囊集中到安全地方并加以保护，进行人工繁殖。

（二）蟹的捕捉及标本的制作

去河边或者海边捕捉蟹，使用购买的蟹也可以。根据蟹的大小可以分为两种制作方法。体形小的蟹可以直接放入微波炉中，加热 3～4 min，使内部水分烘干，再放置在太阳下晾晒，使其完全脱水，表面刷上亮光漆，固定在保本盒中，放入樟脑球即可。如果蟹的体形较大，可以煮熟后将壳剥离，切下附肢，剔除肉后，再进行晾晒，可以用酒精和白醋按 1∶1 的体积比进行消毒，之后组装成生活状态，用胶粘连，放入标本盒中进行观察。对于较大体形的蟹，还可以用颜料在壳上进行艺术创作。这种标本制作方法不仅可以应用于蟹类、螺类，而且可用于其他有坚硬外壳的动物，比如昆虫。虾、蟹具有很高的食用价值，《红楼梦》中就有对"螃蟹宴"的描写——"这一顿的钱够我们庄家人过一年了"，既说明当时贫富差距之大，又体现出螃蟹在古代就是极为贵重的食材。

（三）调查节肢动物的药用价值

查阅资料，看一下中医药中有哪些药材是节肢动物。例如，冬虫夏草实际上就是鳞翅目幼虫被虫草菌 *Cordyceps sinensis* 侵染，来年夏天，寄生的真菌从幼虫尸体中长出的子实体，故名冬虫夏草，经济价值非常高。

(四)饲养节肢动物作为宠物

我国古代开始就有捕捉饲养蟋蟀听叫声、斗比赛的传统,一只名品蟋蟀甚至价比黄金,受到达官显贵的追捧。相较而言,蝈蝈全身翠绿色,叫声响亮,可以算是比较大众化的宠物。我很怀念小时候,坐在豆子地里,吃着烧豆子,看着爷爷给我编织蝈蝈笼子,将抓住的蝈蝈放进去养着,每天夜里躺在天井的凉席上,听着蝈蝈的叫声,数着星星入睡。

红玫瑰蜘蛛对适应环境能力强,饲喂简单,活体昆虫是它们的主要食物,如蟋蟀、蚂蚱、蝈蝈、蟑螂。它们性情温顺,浑身布满暗红色的绒毛,尤其是头胸部上方,呈现暗紫红色。红玫瑰蜘蛛在喂养熟悉后,非常温顺,可抚摸,但在不熟悉的情况下不要触摸。其生长速度慢,寿命可达 12 年,是最受欢迎的宠物蜘蛛。

> **温馨小贴士**
>
> 给大家提供几个识虫软件——见虫 App、昆虫识别 App、百度扫一扫。这些软件利用图像识别技术,只需对虫子拍照,就可以识别,但是也不能保证完全正确,还需要进一步根据动物检索表检索。

(五)节肢动物其他价值调查

除了虾、蟹是非常美味的菜肴外,甲壳动物壳中的几丁质可以制作成免拆医用缝合线,愈合后大大减少疤痕的形成。蜻蜓的复眼非常精密,所看到的范围要比人眼大得多,每只眼睛由许许多多个小眼组成,每个小眼都能完整成像。相控阵雷达是模仿蜻蜓复眼制作的,由几百个到几万个阵元(辐射单元和接收单元)组成,阵元数目和雷达的功能有关。这些阵元规则地排列在平面上构成阵列天线,其工作基础是计算机控制相位的阵列天线,因此叫作“相控阵”(图 2-1-5)。“生物钢丝”——蜘蛛丝的成分丝蛋白有着超高的强度,可制成防弹背心、降落伞绳等,还可制成人造韧带和人造肌腱。科学家培育转基因羊作为“乳腺反应器”,从羊奶中获得蜘蛛丝蛋白。

图 2-1-5　相控阵

(六)节肢动物引起人体疾病调查

人类的很多疾病与节肢动物有关,比如登革热、疟疾等恶性传染病均是由蚊子传播的,痢疾、肝炎与苍蝇有关,蜱可导致多种致命恶性传染病。蜱叮咬人时不会产生明显痛痒感。蜱会将身体埋在寄主皮下,长期吸血。它们可能会携带一种汉坦病毒,造成肾综合征出血热,损害人的肾脏,重者往往死于肾功能衰竭。出血热病人发病早期的典型表现为突起高热,体温可达 40℃ 以上,临床表现为多系统损害,病情严重,多于发病后 6～9 d 死亡。此外还有森林脑炎、蜱媒回归热、莱姆病等多种疾病由蜱传播。跳蚤、虱、螨虫、疥虫是造成多种皮肤病的罪魁祸首。

(七)昆虫琥珀的制作

琥珀是一种有机宝石,天然的昆虫琥珀(图 2-1-6)非常珍稀,我们可以人工仿制昆虫琥珀。将松香(根据昆虫大小来决定用量的多少)放在烧杯内,加酒精(松香与酒精体积比为10∶1),用酒精灯加热,不断地用玻璃

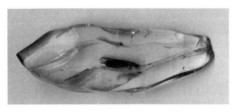

图 2-1-6　昆虫琥珀

棒搅拌,直到松香熔化,酒精基本上蒸发完。然后把要做标本的昆虫放入硅胶模具中,再把熔化的松香慢慢倒入模具。当松香凝结变硬以后脱模,再进行打磨。这种人造琥珀通身透明,昆虫标本永久不变,微细的结构都看得一清二楚。此外还有人工合成的滴胶材料可以使用,可以添加颜料,制作各种颜色的昆虫琥珀。

第二部分　脊椎动物实验

一、鱼纲

重点特征:生活在水中,体表有鳞片覆盖,用鳃呼吸,通过尾部和躯干的摆动及鳍的协调作用游泳。

重点动物:我国海洋已知海水鱼约 3000 种,如鲨鱼、石斑鱼、带鱼、大黄鱼、牙鲆等,淡水鱼约 1000 种,如著名的"四大家鱼"(青鱼、草鱼、鲢鱼、鳙鱼)、鲤

鱼、鲫鱼等。鱼类一般分为硬骨鱼和软骨鱼。

(一)鱼类的解剖

不用特意去买鱼解剖,家长做饭洗鱼的时候就是一堂很好的鱼类解剖课。首先我们要将鱼鳍剪下,因为鱼鳍很容易伤到手,然后从鱼肛门处剪到下颌处,观察鱼的内脏,跳动的是鱼的心脏。取出鱼肝单独烹饪,因为鱼肝比较腥,但是鱼肝当中富含的维生素 A 对我们的眼睛和皮肤有好处。鱼肠中通常有寄生虫,解剖时要注意。观察鱼的生殖系统,雄鱼有精巢,雌鱼有卵巢。鱼卵通常是高档食材,口感弹滑,可用于做鱼子酱,但是考虑到卫生,还是烧熟吃更安全一些。鱼卵富含胆固醇,小孩吃比较好,"三高"的老年人最好不要吃太多。鱼头可以从中间剪开,我们来观察鱼的牙齿和鳃,一般肉食性的鱼牙齿尖锐。鱼的牙齿

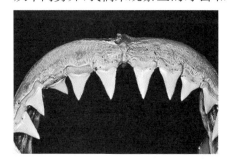

图 2-2-1　大白鲨的牙齿

是端生齿,由鳞片进化来,所以比较容易断裂,但是可再生。鲨鱼每天都会再生牙齿(图 2-2-1),一般一生会替换 30 000 颗牙齿。鱼类还有一个神奇的器官,叫作鳔,是一个气囊,淡水鱼多见,海水鱼少见,用于在水中调节浮力。鱼鳔还是一种名贵食材——"花胶",又名"鱼肚",富含胶原蛋白。

(二)鱼类的饲养及生态缸的维护

家中可以安装一个生态缸(图 2-2-2),饲养一些美丽的鱼类,较大的淡水缸可以饲养锦鲤或金鱼,较小的缸饲养一些小型热带鱼,比较有经验人可以饲养大型金龙鱼、红鹦鹉等贵重观赏鱼。生态缸一般要有开缸、注水、种水草的稳定生态环境的过

图 2-2-2　鱼类生态缸

程。开缸就是在缸的底部放上水草泥、河沙、观赏石等,布置上水景造型,加入益生菌。注水过程应当缓慢,不要破坏水景布置。最好用矿泉水或者井水;如果用自来水的话,应静置除氯。注水后就可以栽种水草了,一般按照前低后高

的顺序进行布置,苔藓球也是不错的选择。之后需开启水循环过滤装置和光照设备,还可以安装加温棒。专业级别的缸还可以加入传感器,监测水体的 pH、溶解氧等数据,保证鱼类的生存。等待整个生态缸稳定一周以上,才可以放鱼进去。买回的鱼苗最好用淡盐水浸泡 1~2 h,驱除身上寄生虫后,再投入缸中。定期换水,合理喂食,投喂抗生素防病。

(三)尝试不同的垂钓或者网捕方法

钓鱼是备受人们喜爱的户外运动,家长不妨多带孩子去河边、海边垂钓,既锻炼思考问题的能力,又培养耐心,是帮助孩子戒掉网瘾的好方法。对于中、上层鱼种来说,撒网捕捉最为高效,可选用旋网或者甩网。撒网一般需要一定体力,发现鱼群即可撒网,垂钓则需要浮子。对于底栖鱼种,一般采用捕捉笼诱捕,投放荤素两用鱼食 3~4 h,可捕到鳗鱼、泥鳅等等。对于淡水鱼来说,垂钓鱼饵一般可选用合成鱼饵或者蚯蚓;对于海水鱼,一般选用沙蚕或者活虾;对于凶猛的鱼,人工模拟的小青蛙、小鱼具有可动、发光等特点,更能刺激其咬钩。

二、两栖纲

重点特征:幼体用鳃呼吸,多数不能脱离水;成体可脱离水,生活在陆地上,也可以在水中游泳,用肺呼吸,皮肤也可以辅助呼吸。

重点动物:青蛙、蟾蜍、大鲵、蝾螈等。

(一)蛙卵的孵化及蝌蚪的饲养

夏季池塘中蛙卵(图 2-2-3)随处可见,可捞取一点放置于容器中,放入石子、河沙、水草、清水,模拟池塘生态环境,大约一周,蝌蚪就会孵出。由于蛙卵基质是透明的,而胚胎是黑色的,整个胚胎发育过程是肉眼可见的,因此蛙卵是观察胚胎发育的模式生物。胚胎发育过程中,首先受精卵卵裂形成囊胚,然后

图 2-2-3　蛙卵

囊胚分化形成原肠胚,在原肠胚期出现 3 个胚层的分化,然后 3 个胚层逐渐分化成各种组织。观察囊胚和原肠胚需要用到高倍放大镜,网络上有许多显微镜下拍摄的蛙卵分裂视频供大家参考。当蛙卵孵化,我们可以饲养蝌蚪,观察蝌

蚪怎样变态发育成青蛙,包括前腿的长出、后腿的长出、尾的消失、鳃的消失。

(二)蝾螈的饲养和观察

图 2-2-4　美西钝口螈

蝾螈有很多种。其中,美西钝口螈 *Ambystoma mexicanum*(俗称"六角恐龙",图 2-2-4)是一种可以在宠物市场买到的两栖类小动物,长相可爱,色彩鲜艳,一般为红色或者黄色,又叫作"发财龙"。价格不是很贵,20~30 元一只。野生状态下以节肢动物、螺类、小鱼、蝌蚪为食,人工饲养可喂食活鱼、活虾,也可喂食饲料,不易生病。一般浅水饲养,不宜长时间放在深水中。视觉差,捕食主要靠嗅觉和侧线。四肢、尾残损后可再生。水温要求 20℃以内为好,耐寒,不耐高温,水温高会导致败血症,注意不可被太阳直射。

(三)蟾蜍的饲养和蟾酥的获取

蟾蜍又名"癞蛤蟆",是常见的两栖动物,其耳后腺及表皮腺体的白色分泌物有一定毒性,但是一种很珍贵的中药,名叫"蟾酥"。产蟾酥的蟾蜍一般是中华大蟾蜍和黑框蟾蜍。现在许多不法商贩杀害野生蟾蜍,剥皮取蟾酥,实在是杀鸡取卵、破坏生态。蟾蜍每天可吃几百只害虫,我们应该大力保护野生蟾蜍。如果要获取蟾酥,那么应该饲养一些蟾蜍。鼓励在稻田、鱼塘饲养,既可获取蟾酥,又可消灭害虫,一举两得。获取蟾酥的方法是将蟾蜍冲洗干净,放置在瓷盘中,将蒜、胡椒等辣物放入蟾蜍口中,用牛角板或硅胶板轻刮其耳后和背部腺体,直到分泌出白色液体,将液体收入小瓶中,及时烘干成粉状,即为蟾酥。将刮取后的蟾蜍放回稻田、水塘,大约两周后就又可以取蟾酥了。蟾酥的经济价值高,对提高农田或鱼塘的效益有很大帮助。在采集过程中应注意:一是不能用铁器接触,氧化铁会污染蟾酥并使其变色,影响药效;二是刮取液体时,不要让液体溅入眼内,否则造成眼睛红肿、疼痛。如果液体入眼,马上用紫草汁液清洗解毒,然后用清水冲洗。取蟾酥时务必戴好胶皮手套,戴好防护目镜,穿好防护服。

(四)观赏蛙的养殖

观赏蛙具有小众化、贵族化的趋势,由于货源紧张,市面上价格不菲。一般

图 2-2-5　钟角蛙

来说较大众的有金蟾蜍、钟角蛙(图 2-2-5)等。箭毒蛙属于比较小众且比较昂贵的品种,由于颜色鲜艳,长相可爱,深受"发烧友"的喜爱。养殖观赏蛙,一定要具备专业养殖生态缸,有底泥、河沙、岩石洞穴、枯木、植物等,水流最好能循环,最好还有加湿设备,半陆半湿型生态缸最好。最好投喂活食,蟋蟀、黄粉虫都不错;如果考虑饲养成本,专用饲料也可以。但是有些蛙类不太会吃饲料,可以在昆虫身上用蜂蜜沾上饲料喂食蛙类,大约一周蛙类就会适应新饲料。

三、爬行纲

重点特征:体表覆盖角质的鳞片或甲;用肺呼吸;在陆地上产卵,卵表面有坚韧的卵壳。

重点动物:蜥蜴、龟、蛇、鳄等。

(一)壁虎的饲养与观察

壁虎是有鳞目壁虎科的物种,又称"守宫"。我国常见的有大壁虎 *Gekko gecko*(图 2-2-6)。壁虎身体扁平,体表有粒鳞或杂有疣鳞。指、趾端下方有皮肤褶襞,密布腺毛,有黏附能力,可快速爬行在墙壁、天花板等光滑的平面上。它们昼伏夜出,白天潜伏在屋檐下、家具背后、墙缝等隐蔽的地方,夜间则出来活动。夏、秋

图 2-2-6　大壁虎

季夜晚,壁虎常出现在有灯光的墙壁上、屋檐下,捕食蚊、蝇、蛾等虫类,是有益动物。壁虎在遇到天敌或受到惊吓的时候,尾巴一碰即断。折断的尾巴里有许多神经,即使离开身体,神经也没有马上失去作用,还会摆动,吸引天敌,壁虎乘机逃命。海参也有类似的丢弃内脏的行为。壁虎折断了一段尾巴以后,它的正常生活并不受太大影响。壁虎尾巴断掉后又会再生出来。我们可以饲养一只壁虎,惊吓它使其断尾,然后喂食小虫,饲养大约一个月,观察它的尾巴再生的

过程。新尾巴的颜色有时会和之前有所差别。

研究这种再生能力非常有价值。人类的器官是不可再生的。每年医疗界人体器官的缺口非常大，而捐献的人体器官远远不能满足需要，因此出现了人体器官贩卖组织，这是邪恶的犯罪行为。假如我们获得壁虎断尾再生的"密码"，或许再生人体器官将成为现实，这对于许多病患来说将是一个福音。

（二）龟的饲养和观察

图 2-2-7　巴西红耳龟

生活中常见的龟有巴西龟、中华草龟等。巴西龟的一个常见亚种是巴西红耳龟 *Trachemys scripta*（图 2-2-7），是杂食动物。龟由于寿命长、易饲养、寓意吉祥等特点，深受广大动物爱好者青睐。龟具有冬眠习性，冬季注意给它们准备一个冬眠的窝，保持一定的湿度和温度，经常观察它们的冬眠状况。龟的寿命很长，能达到几百年。研究龟的长寿机制也非常有前景。一般来说，寿命长的原因不外乎两个，一个是细胞自身寿命长，一个是细胞再生能力强。对于人类来说，细胞的寿命最多只有几十年，端粒酶决定人类细胞只能更新几十次。如果我们能够破译龟的长寿"密码"，将有可能大大延长人类的寿命。注意有的龟很凶猛，经常会咬人，一定注意安全，不要被咬伤。

（三）避役的饲养与观察

避役（图 2-2-8）俗称变色龙，指有鳞目避役科的物种，主要树栖。避役的特征为体色能变化，舌细长可伸展。大部分种类分布在撒哈拉以南的非洲。避役价格不菲，是许多宠物"发烧友"的最爱。避役改变体色不光是为了伪装自己，也是为了传递信息。研究发现，避役不是靠细胞中的色素变色，而是靠调节皮肤表面的晶体，改变光的折射而变色的。

图 2-2-8　避役

避役通常以昆虫为食，也可能捕食其他蜥蜴或者幼鸟。饲养时可以喂食蟋蟀、蝗虫等活的昆虫，还要配合一些水果和蔬菜，提供干净的饮用水，控制好温度。

不同品种的避役所需温度不同。千万不可被避役咬到,因为其可能含有致命的病菌。

(四)宠物蛇的饲养

在印度有饲养蟒蛇当作宠物的习俗,蟒蛇可抓老鼠,保护家园,甚至可以帮助主人带小孩。但是考虑到蟒蛇体形较大,许多人选择小型蛇作为宠物。其中,玉米锦蛇 *Pantherophis guttatus*(图 2-2-9)是最为常见的宠物蛇选择。玉米锦蛇是有鳞目游蛇科的肉食类动物,是美国特有物种。其无毒,性情温顺,寿命可达 20 多

图 2-2-9　玉米锦蛇

年,颜色鲜艳多变,是具有观赏性的宠物蛇。玉米锦蛇有多个基因控制"颜值",颜色和花纹高度易变,通常可见到底色为橙色、黄色、灰色、褐色等,上有镶黑边的红褐色斑纹,腹部有方格状斑纹,尾部有直条纹。同一窝蛇卵中的蛇就有横带及纵带的条纹。目前人工已培育出多种体色的玉米锦蛇,如白化型、无色型、纵纹型。玉米锦蛇适宜在温度 21～32℃、湿度 75％～80％下饲养,喜欢独居,半树栖性,黄昏及夜间觅食,清晨时分晒太阳以调节体温,11 月至次年 3 月为冬眠期。食物包括昆虫、蛙类、小型啮齿类、蜥蜴、小型鸟类及蛋。进入中国的玉米锦蛇绝大多数是人工饲养并选育出的变异体。人工饲养的玉米锦蛇以小型哺乳类为主食,不应该喂食鱼类、蛋类等。平均一周喂食一只小鼠即可,不可投喂太多。每次喂食后不要打扰它们,以免令其呕吐,导致死亡。

在家中饲养玉米锦蛇,饲养箱要能通风,箱子内放上食盆和水盆、铺上沙土。水盆里的水一方面是供它饮用,另一方面是让它洗澡。蛇是很爱干净的动物,水要勤换。箱内要有爬虫灯,模拟晒太阳光;可放置枯木、人造草皮,搭建石洞和蛇窝等,模拟野外生存环境;蜕皮时应预备枯枝备其使用。将小花盆横着半埋在土中可作为蛇窝。还要放上温湿计,冬季在饲养箱下面放一块保温垫,保持箱子内的温度。饲养箱的长度至少应为蛇体长的 1/2,宽至少为蛇体长的 1/3。饲养箱顶部要装有牢固的顶盖,以防玉米锦蛇逃跑。

(五)鳄的饲养与观察

鳄为鳄目物种,肉食性,卵生。我国特产的扬子鳄 *Alligator sinensis*(图 2-2-10)是国家一级保护野生动物。2003 年,国家林业局批准了尼罗鳄、湾鳄和

暹罗鳄等 3 种鳄可依法依规用于经营利用性驯养繁殖和经营。鳄浑身都是宝:鳄皮可制作昂贵的皮制品,耐磨防水;鳄肉可食用,味道鲜美,营养丰富;鳄爪可以制作工艺品挂件,据说有招财辟邪的寓意。体形较小的鳄可作为宠物饲养。但是不要忘记:保护动物,人人有责。

图 2-2-10　扬子鳄

四、鸟纲

重点特点: 体表覆羽,前肢进化成翼,有气囊辅助呼吸,恒温,卵生。

重点动物: 雀形目中的百灵、家燕、黄鹂,隼形目中的鹰,鹤形目中的丹顶鹤,雁形目中的天鹅、鸿雁、家鸭,鸡形目中的家鸡、鹌鹑、孔雀,等等。

(一)家鸡或家鸽的解剖

买一只活鸡,杀好后不要褪毛,不要清除内脏,带回家自己动手解剖。找到鸟类适于飞行的特点:流线型的外形、羽毛的构造、胸骨和胸肌的形态、中空的骨骼等。如果刚好家中有食用鸽,就可以对比一下,看看为什么家鸡已经丧失飞行能力,而家鸽仍然有飞行能力(可以从翅膀的大小比例、体重等方面比较)。

(二)雀类的饲养

从普通的麻雀,再到百灵、文鸟,雀类是受欢迎的小宠物,无论富贵或贫穷的人们都能饲养,只需要一把秕谷,就能拥有清脆的鸟叫声。雀类的饲养除了定期喂水喂食,还需要定期给它们洗澡、除虫,让它们晒太阳。冬天注意防寒,夏季注意防暑通风。遛鸟也是必要的,如果希望自己的雀儿更加开心,可以定期在屋内放飞,等它们飞累了,再用食物将它们引诱回笼。只有开心的雀儿才会有动人的歌声。有的同学会说:“那我们把饲养的雀儿放生吧!”这样做其实并不好,因为人工饲养的雀儿,往往不会在野外觅食和做窝,更不会躲避天敌。我们不可以抓捕野生的鸟作为宠物,也不要将宠物鸟放生,因为动物的生活习性都是天生的,贸然使之改变,结果往往是坏的。许多鸟类爱好者有一项技能:听鸣叫声,分辨鸟的种类。雀类的叫声就比较难区分。同学们可以饲养不同的雀类分辨其叫声,说不定将来你就是一个鸟类专家。

（三）鹦鹉的饲养与训练

图 2-2-11 非洲灰鹦鹉

提起可爱度，会学舌的鹦鹉大概可以排第一了。漂亮的羽毛、高智商、学舌的本领、黏人的性格都让它们成为受欢迎的宠物之一。鹦鹉的种类非常多，会学舌的有绯胸鹦鹉、非洲灰鹦鹉（图 2-2-11）、凤头鹦鹉、金刚鹦鹉等等。鹦鹉的饲养与训练往往需要很多精力，如果你是"小白"饲养员，还是先从雀类养起吧。鹦鹉的饲养其实和宠物狗的饲养非常相似，尽量不要笼养（小型虎皮鹦鹉除外），大型鹦鹉一定要散养。陪伴永远是第一位的，我们每天都要花大量时间陪伴它们。喂食的时间就是学习说话、学习动作的最佳时间。应采用正反馈方式，即做对了才有食物，做错了也不惩罚，这样鹦鹉就不会恐惧，训练效果才会好。学习各项技能要循序渐进，由简到难。先教它们说"谢谢""你好"等简单的词和握手、亲亲等简单动作，之后可以教它们叫主人的名字等。宠物学校有专门的课程是培养宠物技能。大型鹦鹉寿命是鸟类中最长的，可以活几十年，所以饲养鹦鹉可是一件不容易的事情，一定要思考清楚再做决定，一旦开始饲养了就不要轻言放弃。鹦鹉是很"专情"的动物，智商也较高，被抛弃的鹦鹉经常会绝食或者抑郁而死亡。鹦鹉不太容易得病，但是定期除虫和打疫苗还是必要的。

（四）羽毛饰品或工艺品的制作

收集一些美丽的羽毛，用酒精消毒并染色。试着利用这些羽毛制作毽子、羽毛耳环、发饰，也可以尝试制作一顶简单的印第安羽毛冠。

中华民族是擅长使用羽毛制作饰品的民族。我国古代还有一种首饰制作工艺叫作"点翠"，用翠鸟羽毛天然的蓝色来进行首饰制作，在明清时期尤为盛行。皇后的凤冠（图 2-2-12）就用到点翠，色彩鲜艳，流光溢彩，高雅又端

图 2-2-12 铜镀金累丝点翠嵌珠石凤钿
（故宫博物院藏品）

庄。由于点翠使用活的翠鸟的羽毛，材料采集过程很残忍，所以目前已经不再使用翠鸟羽毛了，而改用鹅毛染色，效果同样出色。当然，景泰蓝中的烧蓝工艺也可以代替点翠。同学们可以采购一些鹅毛点翠的 DIY 套装，自己制作一件美丽的点翠首饰。

鸟类羽毛还可以制作衣服。《红楼梦》中写到的凫靥裘和雀金裘都是采用鸟类的羽毛纺织成线制作的名贵衣物，后来宝玉将褂子烧了一个窟窿，引出"勇晴雯病补雀金裘"一段佳话。可见，鸟类的羽毛在我国古代就有制作饰品衣物的用途了。

古代中国人民所创造的各种精湛工艺出神入化，甚至可以将黄金拉制成金线，以孔雀、雉、翠鸟等珍禽的羽毛捻入金线，同时掺入各色彩丝，织出灿若云霞的锦缎罗纱！唐代安乐公主的百鸟羽毛裙"正看为一色，旁看为一色，日中为一色，影中为一色，百鸟之状，并见裙中"。唐代大诗人王维有一首名诗："绛帻鸡人报晓筹，尚衣方进翠云裘。九天阊阖开宫殿，万国衣冠拜冕旒。"其中的翠云裘就是这种羽衣。

(五)鸟类标本的制作

如果自己饲养的宠物鸟死掉了，就可以将它制作成鸟类标本。我们需要将鸟尸体的皮毛完整地剥下来，进行清洗、消毒和风干；保留喙和脚爪，用防腐液浸泡风干。在此之前要测量鸟的体长、胸围、嘴长、腿长，以便用铁丝扎成鸟的躯干，然后用棉花或者海绵(混合樟脑防虫)填充铁架，最后将皮毛套在上面，缝合，安装义眼、喙和脚，放置于玻璃框中。现在有许多标本制作室可以帮助人们制作标本。如果自己技术不过关，也可以交给专业的工作室制作。

(六)人工孵蛋

人工孵蛋要保持理想的孵蛋温度和湿度，温度在 38～39℃，并且不能太过干燥。受精卵一般经过 27 d 的孵化就可以破壳。鸡胚在 19 d 后呼吸加强，所需氧气增加，此时一定要注意通风，否则会导致孵出率下降和畸形的出现。农村一般会用纸箱和电灯作为孵化工具，我们可以选用孵蛋器。鸟类有"第一眼效应"，即"印记"，认为破壳后看到的第一个移动物体就是"妈妈"，从此跟随"妈妈"。同学们自己孵化出小鸡、小鸭，就可以饲养它们作为宠物，既可以多一个伙伴，又可以学习动物学方面的知识。此外，在实验室中还可以进行无壳孵化，这是观察胚胎发育的绝佳机会。

(七)体验鸟类学家的工作

由家长带领去野生动物园或者湿地公园(时间一般选择 5、6 月份)，观察并拍摄一些野生鸟类的照片,调查不同鸟类的生活环境、觅食活动、种群的大小和组成、是否有幼鸟或者鸟巢中是否有鸟蛋。鸟类学家在野外会给珍稀鸟类带上无线电设备,一路跟踪调查,拍摄鸟类野外生存状况,往往一次调查会持续数月,走遍大山、荒漠,会遇到恶劣天气、野兽的袭击、蛇虫的骚扰等等,非常辛苦。同学们在家长的带领下体会数天野营生活,还是相对安全的。如果你生活在农村,那就更好了,房前屋后的燕子窝就是最佳的观察点。你可以观察记录燕子的筑窝时间、交配时间、孵化时间、迁徙时间、幼鸟的成长等等,这个过程可以持续数年,对于气候的研究非常有帮助。由于全球气候变化,许多鸟类都改变了迁徙习惯。例如,青岛许多海鸥贪图温暖的环境和免费的喂食,夏季不再生殖迁徙,留守在青岛海边,这对于种群的繁育十分不利。因为许多鸟类繁育地和觅食地是分开的,如果种群分散的话,鸟类没有回到自己的繁殖地去繁殖,觅食地又不利于繁殖,那么种群就会逐渐缩小。去野外实习,原则上只需要带人类自己的食物去,带回来的只有照片。要做文明的小小科学家,不做"野蛮人"。

温馨小贴士

　　不要无节制地喂食动物,更不要喂食动物过度加工的食品。文明逛动物园,不要乱投食。动物园饲养员会按照科学配方喂养动物。如果游客都去喂食,动物会得病,不吃饲料。也不要随便投喂野生动物,如果野生动物获取食物的途径改变,就不会再去努力从自然界获得食物。人类的食物往往高油高盐,动物长期被喂食或者去翻垃圾桶拣拾食物吃的话,容易改变觅食和消化习性而得病。我们要当大自然的旁观者和记录者,不要试图去操纵自然、破坏自然。

五、哺乳纲

重点特征:体表被毛,大多胎生、哺乳,牙齿有门齿、犬齿和臼齿的分化。

重点动物:单孔目如鸭嘴兽;有袋目如袋鼠;翼手目如蝙蝠;啮齿目如鼠;灵长目如猴;食肉目如犬、猫、熊、大熊猫、鼬等;长鼻目如象;偶蹄目如猪、鹿、牛;奇蹄目如马、犀牛;兔形目如兔;鳞甲目如穿山甲;鲸偶蹄目如鲸、海豚。

(一)学习使用哺乳动物分目检索表

　　根据哺乳动物的形态,由上至下进行检索。比如兔,被毛(2)—具前后肢(4)—无翼状肢(5)—指端有爪(6)—指(趾)端分开(9)—无犬齿(10)—上颌具前后两对门齿(兔形目)(表 2-2-1)。

表 2-2-1　哺乳动物分目检索表

1. 身体被鳞片,无牙齿 ··············	鳞甲目
体无鳞,<u>被毛</u>或缺,有牙齿 ··············	2
2. 仅具前肢 ··············	3
<u>具前后肢</u> ··············	4
3. 体鱼形,尾扁平,同型齿或无齿,鼻孔在头颈,乳头腹位 ··············	鲸偶蹄目
体纺锤形,尾圆形,多异形齿,鼻孔在吻前端,乳头胸位 ··············	海牛目
4. 前肢呈翼状,指节延长,适于飞翔 ··············	翼手目
<u>前肢不呈翼状,不适于飞翔</u> ··············	5
5. 指(趾)分开并有甲或爪,拇指(趾)与其他指(趾)相对 ··············	灵长目
<u>指(趾)有爪或蹄,拇指(趾)与其他指(趾)不相对</u> ··············	6
6. 指(趾)端愈合成蹄 ··············	7
<u>指(趾)端分开,有爪或成鳍脚</u> ··············	9
7. 蹄奇数 ··············	8
蹄偶数,第三、四趾最发达 ··············	偶蹄目
8. 第三趾最发达,鼻唇不延长 ··············	奇蹄目
具四趾或五趾,鼻唇延长成圆筒状 ··············	长鼻目
9. 无犬齿,门齿呈凿状 ··············	10
具犬齿,门齿不呈凿状 ··············	11
10. <u>上颌具前后两对门齿</u> ··············	兔形目
上颌具一对门齿 ··············	啮齿目
11. 吻长,上唇超过下唇,犬齿正常,中央门齿大于其他门齿 ··············	食虫目
上下唇等长,犬齿发达,中央门齿大于其他门齿 ··············	12
12. 体呈纺锤形,四肢鳍状 ··············	鳍脚目
四足型体形,四肢强健 ··············	食肉目

(二)饲养兔或啮齿类哺乳动物,观察其牙齿的不同

此实验主要培养同学们细致观察的能力。小兔子、荷兰鼠大概是每个孩子小时候都会有的宠物,可是你们知道区别兔形目和啮齿目的最关键证据是什么吗? 你或许会说"兔子耳朵长",这个答案还真不对。看检索表就应该知道,这两目的区别在于门齿的不同。兔形目的门齿是六颗,上四下二。为什么是"上四"呢？原来大门齿的里面还有两颗小门齿。而啮齿目是四颗门齿。同学们可以观察兔子的牙齿。不过兔子也是会咬人的，注意要戴好棉线手套。

（三）猫、狗的饲养和观察

猫和狗都是食肉目的动物，也是最常见的宠物。从小有一只可爱的猫或者狗做伴，对于城市的孩子来说，是排遣孤独寂寞的好方法。据调查，饲养过宠物的孩子更不容易得过敏症和自闭症等身体和心理疾病，而且有责任感、情感丰富、想象力丰富。猫的性格更孤僻一些，好奇心强，喜爱睡觉，昼伏夜出，攀爬能力强。狗喜欢群居生活，因此群体意识和首领意识更强，领地意识也更为强烈。人们经常赞美狗的忠诚，其实这种"忠诚"是狗的领地和群体意识的延伸，是人类长期驯养的结果。

饲养猫需要注意准备猫砂。与狗不同，猫不会外出定时定点排便，而喜欢埋藏自己的粪便，因此，猫砂要足量和干净，勤更换。还要给猫一个可以攀爬玩耍的架子，底部采用摩擦力大的材料，可以让猫磨爪子，否则家中的沙发等家具就会变成猫攀爬磨爪子的场所。

狗的精力非常旺盛，如果不能保证每天两次遛弯，一是不能很好地解决大小便问题，二是狗的精力没有得到释放，就会在家中乱咬、乱翻、乱叫。狗有用尿液标记的习惯，所以家中是会有一点味道的，如果特别介意的话，就不要选择养狗。

无论猫狗，即便是经常洗澡，也会有寄生虫问题。驱虫一定要到专门的机构，每年做两次以上。养狗的话，每年还要去注射狂犬病疫苗等，预防恶性传染病。

> **温馨小贴士**
>
> 人被注射过狂犬病疫苗的狗咬过，仍然需要去注射人类狂犬病疫苗。因为注射过狂犬病疫苗的狗是自身获得了抗体，不易生病，但是仍然可能携带狂犬病毒，而成为病毒携带犬。以前我一直不理解这个问题，直到了解了新冠肺炎我才明白：这不就是"无症状携带者"吗？因此无论何时何地被猫狗抓伤，都要及时就医。目前我们还没有针对狂犬病的有效疗法。狂犬病发作后，病人会在痛苦中死去。

（四）参观动物园，制作动物简介

动物园可分为传统动物园、野生动物园和海洋馆。动物在笼子里的为传统动物园，动物为野生放养状态的为野生动物园，海洋馆就是饲养海中动物的场馆。小小动物学家们去动物园前应当先做攻略,根据检索表找到不同动物的区别,比如:都是鲸偶蹄目,鲸和海豚有什么区别?偶蹄目和奇蹄目都有哪些动物?打印一份检索表,看到一种动物就写在相应的位置,如果分不清楚,就去看一下动物简介牌。同学们进动物园还可以练一下速记能力。首先需要一张动物园地图(售票处一般会提供,网络上也会有),按照地图将动物园大致分为几个园区。动物园一般依山傍水建设,山上可能有狮虎山、猛兽馆、猴山、熊猫馆等,靠水的地方一般设有天鹅池、百鸟笼、爬行动物馆、河马池、鳄鱼池等,向阳、宽阔的地方一般会饲养鹿、骆驼、鸵鸟、长颈鹿、大象等,阴凉的山谷、小道一般是小型动物如啮齿类、食虫类、鼬、獾的居所。根据地图记住动物的大体分布后,按照从大到小的顺序来记忆每个区域的动物,重点记住最珍稀、最美丽或者最有特色的动物的特点。拍照的时候记住拍下简介牌,回家后排版、打印、裁剪出来,和父母一起做"动物园旅行家"的游戏(将动物简介贴在地图上,看谁回忆起来的最多),也可以将动物简介当扑克牌来打(看看谁是谁的天敌,谁能吃掉谁)。这些活动寓教于乐,有效地将课本知识与生活娱乐相联系。此外,还可以学习绘制思维导图,记录在动物园或者海洋馆看到的动物。

(五)参观养牛场或牧场,了解养殖业和畜牧业

参观现代化的养牛场或牧场,了解牛奶是怎样生产出来的。这个问题是我上小学的女儿提问我的,有一天她问我:"妈妈,我喝的牛奶是公牛奶还是母牛奶?"我一口水就笑喷出来,现在的孩子居然不知道只有生过小牛的母牛才有牛奶,牛奶是小牛的"口粮"。其实之前我也感到很奇怪:牛的交配期和产期都是固定的时间,那么哺乳期也应该是固定几个月,可为什么我们却每天都能喝上新鲜的牛奶呢?看来去奶牛养殖基地一探究竟还是有必要的。在现代化的管理下,奶牛的一生非常繁忙。小母牛在 16 个月大时进入发情期,人们就要为它"人工授精"——现代畜牧业的核心技术。人工授精后 280 天,母牛分娩,并且开始产奶,自动化的机械取奶装置就开始定期吸牛奶。产奶 305 天后母牛停止产奶,可以休短暂的 60 天"假"。但是此前 220 天,它已经第二次被人工授精了。60 天后,它会产下了第二胎,开始新的产奶轮回。在几个轮回之后(约经过5 年),奶牛体力衰竭,就被"淘汰"了。这个过程听起来一点儿也不美好,而且现代化畜牧业管理工厂模式建立在大规模使用抗生素和各种激素的基础上,因此应当提倡更为自然的畜牧业。牛奶过滤膜技术可以将牛奶中的体细胞(脓细胞)过滤掉,使牛奶的品质更好。

第三章 利用去医院的机会
学习解剖生理学实验

高等动物与人体解剖生理学讲述的是高等动物与人体的构造和功能。这是一门非常高深的学问,应用也非常广泛,比如临床医学、病理学、营养学、药理学、神经生物学、免疫学等等。在我国基础教育中,从二年级上开始讲述动物的眼睛、四肢等器官,四年级上讲述食物和营养,六年级上讲述青春期和疾病,七年级下系统地讲解人体解剖生理学的知识,高中阶段必修三讲述人体的三大稳态调节(神经调节、激素调节、免疫调节)。关于高等动物与人体解剖生理学的知识,难度还是很大的,而且人体解剖和人体生理学实验在中小学也不具备开设条件,那么怎样抓住机会来学习这门科学呢?张老师教你利用去医院的机会来认真阅读每张化验单和病理单、每张 X 光片和 CT 片以及医生的处方和药品说明单。"久病成良医",其实正是说的人们在看病的过程中学习了很多知识。此外,由于哺乳动物猪的基因和人类的非常相似,并且猪的内脏和人的形态也比较相似,所以不要放弃每次吃猪心、猪肝等内脏的机会,参与清洗和解剖过程,了解内脏的结构。

第一部分 高等动物及人体的基本组织

高等动物及人体基本组织包括上皮组织、肌肉组织、结缔组织、神经组织等,我们要了解这些基本组织的类型、组成、分布和功能。

一、上皮组织

上皮组织包括单层立方上皮(分泌器官)、单层柱状上皮(消化道)、假复层纤毛状上皮(呼吸道)、复层扁平上皮(口腔上皮),有保护、分泌、吸收的功能。

(一)用显微镜观察组织切片/涂片

口腔上皮细胞是最容易获得的人体组织材料。可以用牙签刮下一些,制成临时装片,用显微镜观察,也可以购买人上皮组织染色固定切片进行观察。人的表皮一般都是复层扁平上皮。思考一下:美容过程中经常去角质的做法好吗?

(二)利用化验单了解上皮细胞

如果我们去医院做胃镜、肠镜,医生会在病变部位采样进行病理化验,一定会出具一张病理化验单。请好好阅读化验单,这是一次了解单层柱状上皮细胞的好机会。

温馨小贴士

当孩子上了小学五年级以后,有条件的家长可以给孩子购买一台显微镜和一台天文望远镜,这是孩子建立科学观、培养科学兴趣的重要器材。在网上购买也不贵,二三百元就能买到质量不错的凤凰牌显微镜了。当然还可以去二手市场"淘"一些更高端的显微镜。一般家用显微镜不需要油镜,因为擦松油的二甲苯不好买。有 5/16 倍的目镜和 10/40 倍的物镜就足够孩子观察一般细胞了。此外记得多配置一些固定装片,让孩子知道不能整天沉溺于电子产品,看看显微镜中的微观世界和天文望远镜中的宏观星体难道不"香"吗?

二、肌肉组织

肌肉组织包括平滑肌、骨骼肌、心肌等。

(一)骨骼肌观察

吃牛肉的时候,记得切一小片,用镊子撕得薄薄的,用显微镜观察骨骼肌。由于牛的肌纤维比较粗大,所以非常容易观察到肌肉纵切面的横纹分为明暗带,肌肉横切面则有圆形肌肉束。

(二)平滑肌观察

吃猪肚的时候,切一小块,用显微镜观察平滑肌。纵切面呈长梭形,横切面具大小不规则的圆形。

(三)心肌观察

吃猪心的时候,切一小块,在显微镜下观察。纵切面呈有分支的带状;横切面具大小不规则的圆形,有的有核,有的无核。

温馨小贴士

做显微切片的时候,为什么总是切不薄? 当然不能用菜刀切,就算你是大厨,也不可能用菜刀切出显微切片啊! 我们用的显微镜一般是折射光显微镜,利用光穿过组织切片来进行观察。切片要薄得均匀、透光。我们可以用爸爸的两片剃须刀片(双面刀片)制作切片。在两个刀片中间夹上一张纸条,再用胶布将刀片的一边刀刃粘牢,用手握着胶布面切割材料,这样就可以保证材料切得又薄又均匀。

三、结缔组织

结缔组织包括疏松结缔组织和致密结缔组织。

(一)疏松结缔组织的观察

疏松结缔组织由基质、细胞和纤维 3 种成分组成,基质的含量较多,细胞、纤维的含量较少。细胞包括巨噬细胞、成纤维细胞、脂肪细胞、浆细胞、肥大细胞等。细胞间有弹性纤维、网状纤维、胶原纤维 3 种纤维和基质。疏松结缔组织广泛分布在组织和器官之间,具有防御保护、支持连接、营养和修复的功能。

取一块带皮猪肉,将皮下组织切片平铺,观察疏松结缔组织。低倍镜下可见交叉成网的纤维和散在纤维之间的组织细胞。高倍镜下可见纤维之间散布有成纤维细胞、巨噬细胞、淋巴细胞、肥大细胞等等。也可以请家长购买已经染色好的疏松结缔组织固定装片进行观察。

随着人年龄的增长,细胞的成纤维细胞减少,皮肤就会产生皱纹、下垂。平常人们说的"注射美容",其实就是将填充物比如玻尿酸、胶原蛋白、生长因子等等注射入皮下疏松结缔组织中,起到填充或者刺激细胞生长的作用。人体存在免疫细胞,每个人的排异反应也不一样,因此做这类整容小手术,一定要去正规的医院整形外科。此外还有抽脂手术。抽脂手术对于单纯性肥胖和局部肥胖的人来说,效果是立竿见影的。手术过程主要是溶解、抽取皮下疏松结缔组织中的脂肪细胞。当然,很多成纤维细胞、胶原纤维也会被抽走,因此术后皮肤会出现凹凸,需要一段时间的恢复。

(二)致密结缔组织的观察

致密结缔组织是由少量基质和细胞、多且致密的胶原纤维组成,以支持和连接为主要功能的组织。其特点是细胞、基质成分少,胶原纤维多、粗大、排列紧密,且排列方向与承受张力的方向一致,有很强的保护和支持作用。皮肤中的真皮、腱、韧带、软骨等均是致密结缔组织。

取一块哺乳动物的软骨,切片观察,低倍镜下可见圆形或梭形的成纤维细胞和大量的胶原纤维。

胶原蛋白的合成需要很多维生素 C,我们要注意补充。长期缺乏维生素 C,人易患上坏血症,全身黏膜出血,这可能与成纤维细胞分化有关,因此维生素 C 是人体必需的营养物质。

四、神经组织

神经组织由神经细胞和神经胶质细胞这两种具有突起的细胞组成。神经细胞亦称神经元(图 3-1-1),是神经系统结构和功能单位。数量庞大的神经元,具有接受刺激、传导冲动和整合信息的能力。部分神经元还具有内分泌功能。

(一)显微镜观察神经元固定装片

神经元是神经系统的最基本单位,由细胞体和突起两部分构成。细胞体由细胞核、细胞膜、细胞质组成,具有信息联络、整合、输入、输出的作用。突起分为树突和轴突两种:树突直接由细胞体扩张突出,短而分支多,呈树枝状,作用是接受神经冲动并传入细胞体;轴突是粗细均匀的细长突起,长而分支少,作用是接受外来刺激并将其传出细胞体。轴突末端形成树枝样的神经末梢,分布于各种组织器官内。神经末梢分为感觉神经末梢和运动神经末梢:感觉神经末梢形成各种感受器;运动神经末梢分布于骨骼肌,形成运动终极。我们可采用神经细胞固定装片或者高等动物脑、脊髓、坐骨神经切片观察神经细胞。神经元有很多种类:假单极神经元胞体近似球

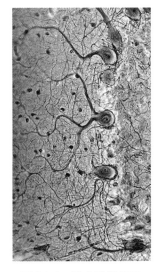

图 3-1-1　狗小脑神经元

形,发出一个突起,在离胞体不远处分成两支,一支树突分布到皮肤、肌肉或内脏,另一支轴突进入脊髓或脑;双极神经元胞体近似梭形,有一个树突和一个轴突,分布在视网膜和前庭神经节;多极神经元胞体呈多边形,有一个轴突和许多树突,分布最广,脑和脊髓灰质的神经元一般是这类。

(二)蛙坐骨神经-腓肠肌标本的制作

实验步骤：

(1)毁髓：用毁髓针从枕骨大孔毁掉蛙的大脑或者直接剪掉大脑。

(2)剥制后肢标本：用手术剪剪下脊柱和下肢。

(3)分离两后肢：使用手术刀从耻骨联合处切开，并纵向剪开脊柱，使后肢完全分离。

(4)分离坐骨神经：用玻璃解剖针沿脊神经向后分离坐骨神经。严禁使用金属触碰神经。

(5)分离股骨：剪去股骨上的肌肉，剪断股骨，保留股骨后 2/3。

(6)游离腓肠肌：用尖头镊在腓肠肌跟腱下穿线并且结扎，剪断肌腱与腓骨连接，游离腓肠肌。

(7)锌铜弓检验标本：用林格液湿润标本，用锌铜弓两极接触神经，正常情况下腓肠肌发生收缩。切勿使神经受到牵拉。

第二部分　高等动物及人体的运动系统

高等动物及人体的运动系统包括骨骼和肌肉。我们应了解骨骼和肌肉的类型、组成、分布和功能。

一、骨骼系统

(一)观察人体骨骼系统并思考身高的秘密

准备一套人整体骨架标本(有条件的学校可以准备真人骨骼标本；如果没有条件，石膏或塑料模型也可以)。首先观察并区分长骨、短骨、扁骨及不规则骨的形态和分布，绘制骨骼构成图。人体全身共有 206 块骨骼，分为颅骨、躯干骨和四肢骨，其中颅骨 29 块，躯干骨 51 块，四肢骨 126 块。人体身高的秘密在于腿骨的长度，而腿骨的长度在于骨骺线的闭合期。一般骨骺线闭合越晚，人的身高就会越高。骨骺线的闭合受到遗传、营养、运动、生长激素的影响。青少年应保持良好的生活习惯，以获得理想的身高。

(二)解剖和观察骨连接并思考怎样避免关节疾病

实验用到新鲜的猪的膝关节，一般买一整条猪腿骨就可以进行解剖，观察关节囊、关节面、关节腔等结构。膝关节、颈椎、腰椎是非常容易受伤的部位,外伤、老化、不正确受力姿势都可以致病。家中如果有人患有此类疾病,请调查一下致病原因,看一看 X 光片、CT 片、病历、药单等。一般此类关节疾病在急性期是需要制动的,但是制动后肌肉会萎缩和僵硬,之后需要康复运动和按摩。向医生学习正确手法,帮助家人缓解痛苦。正规医院的推拿按摩师和理疗康复师都要学习人体解剖学,才能保证康复方法的安全性和科学性。一定不要去无资质诊所做正骨等医疗康复项目,否则容易出事故,轻则骨折、瘫痪,重则发生生命危险。

(三)观察肌肉系统并思考怎样拥有健美的身材

观察人体骨骼肌标本。人体有 600 多块骨骼肌。骨骼肌是附着在骨骼上的横纹肌,可分为头颈肌、躯干肌、四肢肌。头颈肌有表情肌和咀嚼肌;躯干肌有背肌、腹肌、胸肌和膈肌;上肢肌有肩肌、臂肌、前臂肌、手肌,手肌上的神经末梢特别多,造就人类能够劳动的灵巧双手;下肢肌有为髋肌、大腿肌、小腿肌和足肌,均比上肢肌粗壮,这与支持体重、维持直立及行走有关。学习肌肉的分布与功能,有助于我们正确健身。去健身房看看健身器材,它们分别是针对哪块肌肉进行训练的? 青少年应注意营养和运动,使肌肉的比例上升,同时又具有柔韧性。人体肌肉比例越高,新陈代谢就越快,能使身体年轻、有活力。

二、消化系统

消化系统由口腔、咽、食道、胃、小肠、大肠以及肝脏和胰脏组成,功能是消化和吸收营养物质。

(一)观察人类消化系统模型并思考如何预防消化道疾病

准备一套消化系统模型,看看其中的各部分在食物消化过程中分别起到什么作用。消化系统每天都会接触到各种食物和细菌等等,因此很容易得病。俗话说"病从口入",大家谁没有过吃坏东西的经历? 我国幽门螺旋杆菌的感染率高达 50%,这与我们的饮食习惯有关。合餐不卫生,请使用公筷,或者实行分餐制。幽门螺旋杆菌是导致胃炎和胃癌的罪魁祸首。如果你被感染了也不要惊慌,目前针对幽门螺旋杆菌的四联法(两种抗生素和两种胃药的联合使用)一般半个月左右就可以将其杀灭,但是之后仍然要注意饮食卫生,注意原材料新鲜、烧熟煮透。还有一种消化道疾病就是乙肝,我国有超过 2 亿人口的乙肝病毒携带者。乙肝病毒是体液传染,这点与艾滋病有点像。乙肝没有很好的治疗方法,因此应该尽早注射乙肝疫苗,同时注意不合用剃胡刀、指甲剪等等可能会造成伤口的生活用品。

(二)技能训练:检查牙齿并思考如何拥有一口健康的牙齿

无论是乳牙的萌发还是换牙的过程,都多少有些又痒又痛,牙齿掉了还很难看,令小朋友们心烦。保护好牙齿真的很重要,每个周都要对着镜子检查一下自己的牙齿,看看它们是不是健康。那么怎么检查牙齿呢? 先刷刷牙,然后准备一个小镜子和一个小棒,找一个光线好的地方,张开嘴,从两颗门牙处将上下牙分为 4 个区域,分别清点。当然也可以让父母帮你拍下照片来,对着照片检查。

常见的几种牙齿疾病:乳牙滞留是乳牙还没有褪而恒牙就已经长出,乳牙会将新萌生的恒牙挤歪,需要医生拔去滞留的乳牙;龋齿主要是不注意口腔卫生造成,细菌分泌的酸性物质腐蚀牙釉质,一定要早发现早治疗,小的洞可以用高分子材料填上,之后仍需经常检查牙齿,防止材料脱落,脱落后需尽快补上;六龄齿是我们的第一对恒磨牙,记住要去做窝沟封闭,因为这是陪伴我们时间最久的恒牙,也是最容易磨损或者长龋齿的牙齿;牙龈炎是常见牙周疾病,由牙菌斑刺激引起,需要定期用超声波或者其他方法清除。

给大家推荐一个护牙小秘方——使用牙线。只需要用一根棉线,就可以剔除牙间隙的脏污,延缓牙菌斑的形成。每天都使用一次牙线,尤其是吃过肉类后更要认真清理每颗牙间隙。

智齿是个"害群之马",一般在 20 岁左右时开始生长。大部分智齿是不健康的。人类进化过程中颌骨缩短,导致没有智齿的生长空间。当智齿萌发后,如果感觉非常不舒服,一定要去医院拔除,否则智齿会将牙齿序列破坏。女性在怀孕前一定要解决智齿问题,否则妊娠过程中智齿一旦出现问题会痛苦不堪,甚至会导致流产。

温馨小贴士

同学们在乳牙脱落后,可以将其收集起来,使用过氧化氢进行消毒或用酒精擦干净,用人工琥珀包埋(具体方法见第二章),之后可以打磨成珠子,制作项坠或者手串。

(三)比较哺乳动物的消化系统差异

哺乳动物根据食性的不同一般分为肉食动物、草食动物和杂食动物。不同食性的哺乳动物消化系统差异很大。杂食动物与人类的消化系统差异不大;肉食动物的牙齿一般门齿小,犬齿发达,便于撕咬食物;而草食动物的犬齿退化,门牙非常发达,便于切割植物。由于植物组织有大量粗纤维,很难消化,所以食草动物有多个胃室,盲肠通常较发达。以牛为例,牛为反刍动物,共有四个胃:前三个胃为食道变异,即瘤胃(食材中叫作毛肚)、网胃(蜂巢胃、麻肚)、瓣胃(重瓣胃、百叶),最后一个才是真胃(皱胃)。下次吃火锅的时候请家人买点毛肚、百叶,观察一下它们吧。

(四)模拟消化系统对食物消化的过程

消化系统对食物的处理一般包括机械消化和酶消化,人体的恒定体温有助于酶发挥作用。首先是口腔模拟。准备一点食物(淀粉类、肉类、蔬菜等),用搅拌器模拟牙齿的咀嚼,收集一点唾液混合其中,一般此时淀粉类的食物会降解为麦芽糖。15 min 后换一个容器,进行胃的模拟。用稀盐酸作为胃酸的替代品,加入食糜中;用木瓜汁或者嫩肉粉作为胃蛋白酶的替代品,对蛋白质也开始进行消化。大约 1 h 后,再换一个容器进行小肠的模拟。加入猪胆汁和胰液(买个猪胰子,匀浆可得),保温 2 h。此时大分子的食物基本已经变成小分子的营养物质了,过滤所得滤液相当于人体吸收的物质。将残渣放入大肠模拟容器中,加入大肠杆菌进行发酵,大约 24 h 后基本上就形成了模拟粪便。这个实验非常有趣,从香喷喷的食物到臭烘烘的粪便,直观地展示了消化的每一个过程,实验材料也比较容易获得,是学校课题小组进行人体生理学模拟实验的首选。

三、呼吸系统

呼吸系统由鼻腔、喉、气管、支气管和肺组成,功能是人体气体的交换。

(一)观察上呼吸道并思考怎样预防感冒

上呼吸道指的是鼻腔、咽、气管上部等。观察鼻腔需要一个人类的头骨模型。鼻腔由鼻中隔分为左右两半。鼻道由鼻甲分为上、中、下三部分,旁有鼻窦,内含空气。鼻窦分为上颌窦、额窦、蝶窦和筛窦,均与鼻腔相连。下鼻道有鼻泪管,内鼻孔与鼻咽相连。

爱护我们的鼻子,首选要预防感冒。感冒又称上呼吸道感染,病原体可以是细菌、病毒、支原体等等。人体感冒后往往鼻塞、咽痛、头痛(鼻窦发炎)、咳嗽(气管发炎),严重可危及生命。此外,感冒具有传染性,伴随喷嚏、咳嗽的飞沫传染。预防感冒,首选注射流感疫苗。流感每年可以导致几十万人死亡。流感疫苗一般注射四价的较好。每年流感病毒都会变异,因此在每年的秋季应注射当年最为流行的株型疫苗。此外,提高自身免疫力也是非常重要的。如果自身是过敏性体质,那应该查清过敏原,进行脱敏训练。过敏反应会增大细胞间隙,更容易使得微生物进入人体内环境。如果得了感冒,应尽快自我隔离,戴好口罩,去医院验血。如果血常规中性粒细胞明显增多,一般是细菌性感冒;如果淋巴细胞比例上升,或者无明显变化,一般是病毒性感冒。

　　感冒用药分为中医和西医。西医用药较简单。病毒性感冒用抗病毒的药物,利巴韦林、金刚烷胺、奥司他韦都是抑制病毒基因复制或者翻译的药物;细菌性感冒则使用各种抗生素进行治疗。中医治疗感冒比较麻烦,需要辩证。我们介绍 2 种,一种是风热感冒,一种是风寒感冒。如何区别它们? 风热感冒一般是实证,有 3 个特点:气温高于 25℃得的感冒;嗓子非常痛,有黄痰;发烧初期即高烧。风寒感冒一般为虚证,也有 3 个特点:气温低于 25℃得的感冒;鼻塞很重,嗓子微痛;发烧初期体温不是特别高。风热感冒一般要用清热解毒的药物,比如石膏、金银花等寒凉药物;风寒感冒一般要用发散寒气的药物,比如麻黄、紫苏、姜、柴胡。风寒感冒如果没有得到很好的治疗,后期可能转变成风热感冒。

温馨小贴士

　　预防流感有妙招:

　　(1)红霉素膏混合薄荷膏,涂在口唇、鼻孔周围,能起到保护滋润黏膜、减少黏膜充血的作用。

　　(2)雾霾天气、流感季节戴口罩出门,回家后洗手、冲澡、换衣服。冲澡时记住"四冲",即冲头发、冲鼻孔、冲耳朵、冲嗓子,这些都是易附着病毒、细菌的地方。

　　(3)蔬菜汤预防感冒。用葱、姜、蒜一种或几种当佐料,用胡萝卜、白萝卜、蘑菇、木耳、土豆、青菜等等熬汤。现代人饮食高油高盐,微量元素也缺乏,经常用蔬菜汤进行"轻断食",可以增强免疫力,补充维生素和微量元素。

(二)猪肺的解剖和肺泡的观察

　　取一块新鲜猪肺,切一薄片,在显微镜下观察。肺组织由肺实质和肺间质组成。肺实质包括肺内各级支气管和肺泡;肺间质包括结缔组织、血管、神经等。

(三)模拟膈肌参与呼吸作用并了解气胸的危险性与急救方法

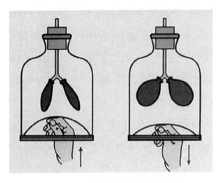

图 3-2-1　膈肌参与呼吸模拟

使用一个无底的玻璃瓶代替胸廓，吸管和两个气球代替气管和肺，一块橡胶膜代替膈肌，向上推橡胶膜模拟呼气时肺排气，向下拉橡胶膜模拟吸气时肺充气，见图 3-2-1。除了膈肌外，肋间肌、胸肌、腹肌、背肌也会参与呼吸。如果胸廓受伤，肺和胸廓间出现间隙，叫作"气胸"。气胸非常危险，因为呼吸肌无法带动肺进行呼吸。紧急处理方法就是用绷带紧紧封住伤口，将胸廓裹紧，保证内压。

(四)观察长期吸烟者的肺并讨论如何避免吸烟(二手烟)

学校如果有条件，可买一套吸烟者的肺的标本，供学生观察，能收到很好的效果。许多烟民看到自己未来的肺会变成黑色(图 3-2-2)，会下定决心戒烟。同学们讨论一下如何避免吸烟(二手烟)，并回家劝家庭成员戒烟。

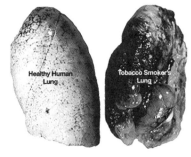

图 3-2-2　正常人的肺(左)与吸烟者的肺(右)

四、循环系统

循环系统由心脏、血管和淋巴管组成，功能是通过血液和淋巴液的循环运输机体的各种物质。

(一)高等动物循环系统的解剖比较

1. 解剖并观察鱼类的心脏

鱼类心脏由静脉窦、心房、心室、动脉圆锥(硬骨鱼退化)组成。血液循环为单循环，路线为动脉圆锥—入鳃动脉—鳃—大动脉—全身器官—静脉—静脉窦—心房—心室—动脉圆锥。

2. 解剖并观察两栖类成体的心脏

两栖类心脏由静脉窦、左心房、右心房、心室、动脉圆锥组成，血液循环为不完全的双循环。体循环：动脉圆锥—颈动脉弓、体动脉弓—全身器官—静脉—

静脉窦—右心房—心室—动脉圆锥。肺循环：动脉圆锥—肺皮动脉弓—肺动脉—肺—肺静脉—左心房—心室—动脉圆锥。

3.解剖爬行类的心脏

爬行类心脏包括静脉窦、左心房、右心房、心室（具有不完全内隔），动脉圆锥已退化，大动脉主要有肺动脉弓和左、右体动脉弓。其血液循环多为不完全的双循环，但是血液混合程度较两栖类低得多。

4.解剖鸟类和哺乳类的心脏

鸟类和哺乳类的心脏完全分为四室，动脉弓均与爬行类相似，但是鸟类的左体动脉弓消失，而哺乳类的右体动脉弓消失。其血液循环均为完全双循环。

（二）猪心的解剖

取新鲜的猪心，用解剖刀沿肺静脉切至左心房、左心室，再沿肺动脉切至右心房、右心室，注意不要切坏主动脉瓣和右房室瓣，使得同侧心房和心室之间借房室口相通。左、右心房由房间隔分隔，左、右心室由室间隔隔开。右心房上有上腔静脉入口，下有下腔静脉入口；右心室前有肺动脉口，口周围有 3 个半月瓣，为肺动脉瓣；右心房和右心室之间为三尖瓣，防止血液逆流；左心房有 2 个肺静脉口；左心室最厚，右前有主动脉口，有 3 个半月形主动脉瓣；左心房和左心室之间有二尖瓣。

（三）观察人体全身血管图和淋巴管图，记住主要的动脉系、静脉系和淋巴管

可用思维导图的方法进行记忆，也可以制作纸牌，与同学或者家人一起通过游戏记忆。

（四）关注人类"头号杀手"——心脑血管疾病

调查咨询一下周围的人有没有得心脑血管疾病的。我国心脑血管疾病导致的死亡占 43%。心脑血管疾病一般指由高血压、高脂血、血液黏稠、动脉粥样硬化等所导致的大脑、心脏及全身组织发生的缺血性或出血性疾病。心脑血管疾病是一种严重威胁人类的常见病，具有高患病率、高致残率和高死亡率的特点。即使应用目前最先进的治疗手段，仍有 50% 以上的心脑血管疾病患者失去生活自理能力。心脑血管疾病的检查方法有心脏 B 超、动脉造影、CT、核磁共振等等。治疗手段有药物、支架微创手术、心血管搭桥手术等等。预防手段有提倡清淡饮食，多食富含维生素 C（如新鲜蔬菜、瓜果）和富含蛋白质（豆类为

佳)的食物;不吸烟,不饮酒;保持乐观心态和愉快心情;40 岁及以上人群至少每年体检一次;多运动,保持理想体重。

(五)心电图和心率的测定

心电图(ECG)是通过心电描记仪从体表引出每个心动周期中,由起搏点、心房、心室相继兴奋,造成的心脏生物电电位变化图形,是心脏兴奋的发生、传播及恢复过程的反映。将心电图传感器电极夹夹在被测者手腕内侧,左手为黑、黄色电极夹,右手为红色电极夹。被测者双手手心向上平放在桌面上,保持平静状态。打开传感器进行测定,分析心电图上的 P 波、QRS 复合波、T 波与 U 波和心率。

五、泌尿系统和生殖系统

泌尿系统由肾脏、输尿管、膀胱、尿道组成。男性生殖系统包括内生殖器(睾丸、输精管道和附属腺体)、外生殖器(阴囊和阴茎);女性生殖系统包括内生殖器(卵巢、输卵管、子宫和阴道)、外生殖器(阴阜、大阴唇、小阴唇、阴蒂、阴道前庭和前庭大腺)。

(一)高等动物泌尿系统和生殖系统的解剖比较

鱼类和两栖类的肾脏为背肾,结构简单,肾单位少,位于脊柱两侧,没有固定形态,尿道一般与泄殖腔一体。鱼类膀胱为输尿管膨大形成,两栖类膀胱为泄殖腔突出形成。爬行类、鸟类和哺乳类的肾脏为后肾,肾单位增多,结构复杂。鸟类无膀胱,部分爬行类有膀胱。鱼类和两栖类多为体外受精、卵生,故雄性无交配器,生殖系统雄性只有精巢和输精管,雌性只有卵巢和输卵管。爬行类和鸟类多为体内受精、卵生,雄性有交配器,雌性没有子宫。

(二)猪肾和鸡肾的解剖比较

取新鲜的猪肾进行解剖,观察蚕豆形的肾。外侧缘为肾实质,可分为肾皮质和肾髓质。内侧缘中部向肾组织凹陷,称为肾窦。肾窦开口处为肾门,有神经、血管、输尿管等。鸡肾靠近脊柱两侧,三叶,形状较长,紫红色。

(三)生殖系统模型观察与青春期性教育

观察两性生殖系统模型,了解青春期生殖系统发育过程中的月经和遗精现象,以及女性怀孕分娩的过程,体会生命的来之不易。如果是课堂讲授,可以将男生、女生分开在两个教室进行;如果是家长讲授,尽量由同性别家长来讲授。

帮助青春期孩子树立正确的两性关系道德是至关重要的。家长和老师应教会孩子要洁身自爱、克制守身,对配偶和家庭负起责任;还可以对孩子科普性病的知识。不洁性生活会导致多种疾病,比如淋病、支原体感染、尖锐湿疣,甚至艾滋病。

(四)泌尿系统疾病和透析疗法

糖尿病和尿毒症是可导致死亡的疾病。身体的机能紊乱,导致葡萄糖不能被肾脏留下供各级器官使用而进入尿液,这就是糖尿病。而代谢废物不能够通过肾脏排出身体会造成机体中毒,这就是尿毒症。长期的糖尿病会导致细菌性肾炎和尿毒症,患者只能通过透析(使用仪器模拟肾脏过滤全身血液)来维持生命,想根治则必须换肾。肾脏对人体各种物质平衡非常敏感,高盐、高蛋白、高脂肪,甚至一次喝过多的水,对于肾脏来说都是负担,因此要保证均衡饮食。有一些减肥人士用的生酮饮食、无碳饮食、蛋白餐等等,都对肾脏非常不好,大家不要效仿。减肥增肌不是几天就可以实现的,要靠长期健康的饮食和运动习惯来达到目标,一定要循序渐进,不可盲目跟风。

六、神经系统和感觉器官

神经系统的组成:脑(大脑、小脑、中脑、脑桥、延髓)和脑神经,脊髓和脊神经。

感觉系统的组成:视觉器官——眼、听觉器官——耳、嗅觉器官——鼻、味觉器官——舌、触觉器官——皮肤。

(一)脑模型、脊髓和脊神经模型、眼球模型、耳模型的观察

1.脑模型

大脑由左右半球组成,由 3 条沟(外侧裂、中央沟、顶枕裂)分为五叶,分别为额叶、顶叶、枕叶、颞叶、岛叶,中间连接的横行纤维称为胼胝体。小脑被大脑覆盖,小脑中间缩窄为蚓部,两侧膨出为小脑半球,分为三叶:小结叶、前叶、后叶。间脑位于中脑和大脑之间,主要包括丘脑、上丘脑、下丘脑。丘脑为一对卵圆形的灰质块,上丘脑主要包括松果体,具有感光作用,下丘脑主要包括视交叉、视束、灰结节、漏斗、脑下垂体。脑干由延髓、脑桥和中脑组成。延髓是控制呼吸、心跳的中枢,是"活命中枢";脑桥居脑干中部;中脑上以视束为界,下与脑桥相连。

2.脊髓和脊神经模型

脊髓位于椎管内,其上有两个膨大,上方为颈膨大,下方为腰膨大。灰质呈

蝴蝶状,是神经元胞体所在位置,其周围的部分为由神经纤维组成的白质。脊神经共有 31 对,包括颈神经 8 对、胸神经 12 对、腰神经 5 对、骶神经 5 对,尾神经 1 对。

3. 眼球模型

眼包括眼球、眼睑、结膜、泪腺和动眼肌。眼球分为眼球壁和折光装置。眼球壁由外膜(角膜、巩膜)、中膜(虹膜、睫状体、脉络膜)、内膜(即视网膜,虹膜部、睫状体部构成盲部和视部)构成;折光装置分为角膜、房水、晶状体、玻璃体。

4. 耳模型

耳分为外耳、中耳、内耳。外耳有耳郭、外耳道、鼓膜;中耳有鼓室、耳咽管、听小骨(锤骨、砧骨、镫骨);内耳分为骨迷路(前庭、骨半规管、耳蜗)和膜迷路(椭圆囊、球状囊、膜半规管、耳蜗管,内有螺旋器)。

(二)高等动物神经系统的比较

脊髓、延髓和间脑在各脊椎动物中变化不大,与人类相似。

两栖类小脑不发达,鱼类和爬行类小脑较大,鸟类小脑最发达,哺乳动物的小脑与人类相似。

哺乳动物的中脑较其他动物来说不发达。

大脑在各类动物中变化很大。鱼类大脑表面不含神经细胞,灰质位于深层,称古脑皮。两栖类是原脑皮。从爬行类开始有新脑皮。鸟类无新脑皮,纹状体发达。哺乳类新脑皮最为发达,高等种类的新脑皮形成沟回。

羊膜动物的脑神经有 12 对;非羊膜动物的只有 10 对,缺少副神经和舌下神经。

(三)非条件/条件反射实验和学习记忆曲线

1. 非条件反射

膝跳反射是脊髓控制的低级中枢反射。婴幼儿不能控制自己的大小便,随着年龄增长,大脑皮层高级中枢逐渐可以控制低级中枢,实现控制排便,即排尿/排便反射。

2. 条件反射

饲养一只宠物狗或者猫,狗更好一些,因为狗的大脑神经元更多。摇铃后喂食,狗逐渐形成条件反射,摇铃时,就算不喂食,狗也会出现分泌唾液、舔嘴唇的行为。

3. 正反馈和负反馈

饲养狗并教给它技能,比如坐下、握手等等。每次狗完成动作后,就奖励它零食,逐渐地狗就学会了技能,之后每次狗希望得到奖励的时候就会主动做这些动作,这就是正反馈的形成。负反馈就是改正坏习惯,比如狗出门捡拾垃圾或者乱叫等等。每次狗做出不良行为的时候都给它一定的惩罚,比如启动电击项圈或者用橡胶棒打,狗为了避免惩罚就逐渐改掉了不良习惯。

4. 学习和记忆

学习是更高级的大脑皮层反射,记忆分为短时记忆和永久记忆。记忆的形成离不开神经元之间复杂的联系。如何提高学习记忆效率呢? 根据艾宾浩斯遗忘曲线,学过的知识在一周之内遗忘得最快,基本上遗忘掉 50% 以上,所以应当及时复习。正确的学习习惯应当是当天学过的知识,当天完成复习,进行巩固;一周后进行第二次复习,进一步巩固;一个月后进行第三次复习。这样可以保证知识的 75% 左右形成永久记忆。

七、免疫系统和内分泌系统

人体免疫系统是人体的防卫长城,有三道防线。前两道防线为非特异性免疫,第一道防线为皮肤、黏膜及其分泌液,第二道防线为抗菌蛋白、细胞吞噬作用。第三道防线是特异性免疫,主要由免疫器官(扁桃体、淋巴结、胸腺、骨髓和脾脏等)和免疫细胞(淋巴细胞、吞噬细胞等)借助血液循环和淋巴循环而组成,只针对某一类病原。非特异性免疫与特异性免疫相互依存,共同维持人体健康。

内分泌系统分为两类:一是内分泌器官,在形态结构上相对独立,如垂体、松果体、甲状腺、甲状旁腺、胸腺及肾上腺等;二是内分泌组织,是分散存在于人体中的内分泌细胞团,如胰腺内的胰岛、睾丸内的间质细胞、卵巢内的卵泡细胞及黄体细胞等。

(一)免疫系统桌游设计

以对抗的形式模拟免疫过程。以细菌、病毒为侵略部队,免疫系统为保卫部队。皮肤黏膜可以设计成第一道防御工事。抗菌蛋白可以看成防卫部队,是第二道防线。吞噬细胞可以设计为前线野战部队,特点是胃口大、战斗力强,还喜欢打扫战场,它还是第二、三道防线的联络者(病原多、不能吞噬完时通知第三道防线)和最终的毁灭者(病原被处理后最终被消化)。T 细胞可以设计成数据传输分析部队,根据吞噬细胞带来的病毒片段设计无线电密码指令,淋巴因子就是无线电密码。B 细胞是导弹部队,根据 T 细胞的指令来合成相应的抗体,其中浆细胞就是导弹发射车部队,抗体就是导弹,记忆 T 细胞、记忆 B 细胞是老兵资源库。能裂解病毒、攻击靶细胞的效应 T 细胞是敢死队,特长是近身肉搏。这样我们就可以非常容易地理解整个免疫系统里难记的各种防线和细胞免疫、体液免疫。

(二)内分泌系统桌游设计:建立血糖调节的模型

3 人(甲、乙、丙)一组。用白纸剪出 15 张卡片,每张正面写"0.1 g/L 的血糖",反面写"糖原",翻转卡片代表血糖与糖原间的转化;用红纸剪出 2 张卡片,均写"胰高血糖素";用蓝纸剪出 2 张卡片,均写"胰岛素"。桌面上有 9 张正面朝上的糖卡,代表血糖 0.9 g/L。甲代表消耗血糖(2 张糖卡正面朝上);乙代表储存糖原(4 张糖卡正面朝下);丙代表激素,保管红、蓝卡。模拟吃饭后,甲拿出 2 张糖卡放在桌上,乙、丙讨论怎样恢复血糖;模拟运动时,甲从桌上拿走 2 张糖卡,乙、丙讨论如何恢复血糖。

(三)神经—体液—免疫协调机体生理作用思维导图的设计:人体体温调节和水盐调节

思维导图的设计可参考图 3-2-3。

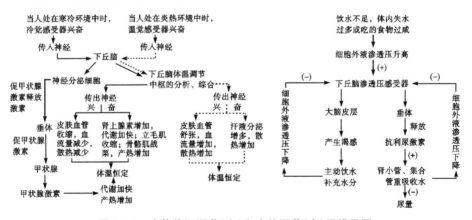

图 3-2-3   人体体温调节(左)和水盐调节(右)思维导图

(四)免疫系统疾病的调查与桌游设计:艾滋病、过敏反应和器官移植

艾滋病(获得性免疫缺陷综合征)是人类免疫缺陷病毒(HIV,图 3-2-4)由体液传染攻击人体的 T 细胞而引起的综合征,会使得人体免疫力全面下降,最终人体会死于各种细菌感染等并发症。桌游设计可与免疫系统的同时进行，设计一张病毒牌，攻击 T 细胞，使得特异性免疫系统崩溃。避免艾滋病首先需要洁身自爱，避免病毒的性传播；其次要注意个人卫生，不公用剃须刀、眉刀，不乱用注射器，避免血液传播。过敏反应发作迅速、反应强烈，组织胺分泌引起剧烈的局部或者全身充血和炎症。

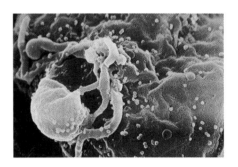

图 3-2-4　球状 HIV 攻击体外培养的淋巴细胞

如果人体长期免疫系统过强，会攻击自身器官，例如类风湿关节炎和红斑狼疮。器官移植的关键是找到配型一致的供体器官，在移植后会出现免疫系统的排异反应，因此要使用药物抑制免疫系统。

（五）内分泌系统疾病的调查与预防

常见的内分泌系统疾病如糖尿病、生长激素缺乏性侏儒症、巨人症、男性女性化、女性男性化等等。内分泌系统疾病与遗传因素有关，长期的精神紧张、生活不规律、乱服用药物等也会造成内分泌紊乱。内分泌疾病需要长期用药调养，不可轻易间断。

第三部分　动物解剖生理学实验的基本知识

动物实验是生理学实验的主要方法，一般可分为急性实验和慢性实验。急性实验法又分为活体解剖实验法和离体器官实验法。慢性实验法指在特定条件下，给动物施行一定的物理性、化学性和生物性等致病因素，然后进行实验和观察的方法。动物实验具有一定的危险性，要防止被动物咬伤、抓伤和病毒、细菌、寄生虫的传播，因此最好在动物生理实验室进行操作，不要擅自在家中尝试。在此过程中记住给予动物精细的照顾，不要虐待动物，及时喂食，打扫卫生，为动物洗澡、消毒。如果需要解剖，记住要尽量减轻动物的痛苦，给予适当的麻醉。动物死亡后，尸体要及时焚烧处理，不可以乱丢乱埋，以免造成环境污染。

一、动物的选择

实验动物是指为生物医学实验而科学育种、繁殖和饲养的动物。实验动物需要根据不同的实验而选择。猫的神经系统发达，具有耐受长时间麻醉的能力，常用于神经系统急性实验研究，比如用于神经冲动的传导、感受、姿势反射和去大脑僵直的实验。大鼠垂体—肾上腺系统发达，常用于应激反应和垂体—肾上腺内分泌实验的研究；大鼠的血压反应比家兔好，也可用于记录测量血压；大鼠无胆囊，可用于收集胆汁来进行消化系统功能的研究。药理与生理实验常用蛙类，离体蛙心脏能维持较长时间活动，常用来进行心脏相关生理功能的研究。犬的消化系统与人类似，可模拟人类消化系统实验，比如著名的胰液分泌实验。家兔的耳朵较大，血管清晰，可用于静脉注射，常用家兔做呼吸类急性实验。在动物个体的选择方面，要求动物健康、卫生、营养良好，长期处于饥饿、寒冷状态或衰弱的动物都可能导致实验结果不稳定。要好好照顾你的实验动物，它们是你科学探索的伙伴和献身者。

二、动物的抓取

动物的抓取是最基本的实验操作技术，是一门基本功。在保证实验人员安全的前提下，防止伤害动物，力求在动物感到不安前抓好。如果一旦被抓伤或者咬伤，请迅速就医，注射各类疫苗，千万大意不得。

（1）蛙类的抓取：左手握动物头部，以食指和中指夹住双侧前肢。在抓蛙类时，注意不要挤压其两侧耳部突起的毒腺，以免溅出的毒液入眼。一旦毒液入眼，请立刻用紫草水清洗，及时就医。

（2）鼠类的抓取：用右手提住动物的尾巴，放在笼子上。左手拇指和食指抓住两耳和颈部皮肤，无名指、小指和掌心夹住背部皮肤和尾部，调整好小鼠姿态（图 3-3-1）。抓鼠类的时候一定要记得戴手套。鼠类性情暴躁，最爱咬人。一旦被其咬伤要注射破伤风疫苗。

（3）中型哺乳动物的抓取：兔、猫的抓取都是采用抓颈后及背部皮肤的方法，一手抓，一手托其臀部，避免动物感觉不适。犬类就不建议同学们直接抓取了，还是请老师来帮忙抓取。

图 3-3-1　鼠类的抓取

三、动物的麻醉

动物的麻醉分为吸入麻醉和注射麻醉。吸入麻醉药物有乙醚、安氟醚、氟烷等，其中最常用的是乙醚。乙醚具有抑制中枢神经的作用，对呼吸道刺激较强，一般用于鼠类的麻醉。操作时用大玻璃缸将动物扣住，内放浸过乙醚的棉球，开始时动物会兴奋，继而兴奋被抑制，最后自行倒下，麻醉完成。中途可补充麻醉，方法为使用口鼻麻醉瓶，放入乙醚棉球，继续麻醉。注射麻醉采用的麻醉药物一般为利多卡因、普鲁卡因等进行静脉注射、腹腔注射、肌肉注射，还可以局部麻醉。给药几分钟后，动物倒下，反应消失，表明麻醉合适。如果动物四肢抖动，则接近苏醒，要及时补充吸入麻醉。如果动物出现抽搐和排尿，则证明麻醉过深，是死亡前兆，应立刻进行急救。

四、动物的处死

应当尽量减少动物的痛苦；注意实验人员的安全；在使用乙醚等挥发性麻醉剂时，一定要远离火源；尽可能缩短处死时间；处死过程不能影响实验结果；判断死亡一定要看神经反射等状况，不能简单看停止呼吸。

一般的处死方法有颈椎脱臼法、空气栓塞法、吸入药物法和放血法。颈椎脱臼法适用于体形小的动物，比如鼠类，因为动物会挣扎，不推荐使用。空气栓塞法是将一定量的空气通过静脉注射注入动物循环系统，血液呈泡沫状，使动物发生冠状动脉栓塞而死。空气栓塞法主要用于体形较大的动物，比如兔、猫、犬，一次静脉注射 $10\sim20$ cm^3 空气。吸入药物法是使用乙醚、氯仿等处死动物；对于鼠类，大量的乙醇也可致死。放血法一般采取颈动脉放血，此方法无药物残留，动物痛苦相对较轻。

五、动物的固定

（1）鼠的固定：采用固定板，取仰卧位，用胶带缠住四周，再用针扎在板上，或者使用专用固定器固定（图 3-3-2）。

（2）兔的固定：将兔的四肢绑在台上，再用粗棉绳牵引兔的门齿，将头系在固定台铁柱上（图 3-3-3）。

（3）猫的固定：与兔基本相同。

（4）蛙的固定：使用图钉将四肢钉在固定板上即可。

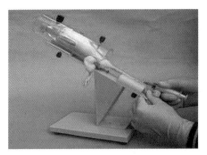

图 3-3-2　鼠的固定

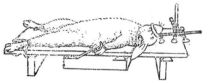

图 3-3-3　兔的固定

六、基本手术器械的介绍

正规的手术器械(图 3-3-4)对钢材的要求非常高,要无毒、耐高温、硬度高、耐腐蚀等。手术刀的使用有执笔式、反挑式、握持式等。手术剪分尖头剪和钝头剪,还有弯剪、直剪,眼科剪,骨剪的区分。用拇指与无名指持剪,食指置于手术剪上方,保证稳定性。手术镊种类繁多,越是头尖细的,操作越精细,对钢材的硬度要求也越高。细胞夹就是可以用来做心脏血管手术的镊

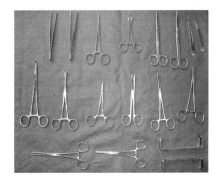

图 3-3-4　多种手术器械

子,对手术的精细程度、操作难度要求都非常高。此外还有玻璃分针、止血钳、缝针、咬骨钳、颅骨钻、手术用小电锯等等。正确使用手术器材是外科医生的一项基本功,对于今后学习医学和生理学等需要手术、解剖的学生来说,是最基本的素质和要求。建议基础教育的学校给实验室配置一批手术器材,让学生们练练手。手术器材一定要注意清洁和消毒。除了火烧法(不推荐,使手术器材变形、发黑)消毒外,要经常用消毒液浸泡,并且高温、高压灭菌。

七、常用生理盐溶液的成分及配制

不同物种内环境的渗透压不尽相同。不同生理盐溶液的用途也不同。

生理盐水即与血清等渗的 NaCl 溶液。变温动物应用 0.6%～0.65% 的生理盐水,恒温动物应用 0.85%～0.9% 的生理盐水。

林格液用于青蛙等变温动物。

乐氏液用于恒温动物的心脏、子宫及其他离体脏器。用作灌注液时须在使用前通入氧气泡 15 min。低钙乐氏液用于离体小肠及豚鼠的离体支气管灌注。

台氏液用于恒温动物的离体小肠实验。

常用生理盐溶液的配制方法见表 3-3-1。

表 3-3-1 常用生理盐溶液的配制

成分	林格液 (用于两栖类)	乐氏液 (用于哺乳类)	台氏液 (用于哺乳类小肠)	生理盐水	
				两栖类	哺乳类
NaCl/g	6.5	9.0	8.0	6.5	9.0
KCl/g	0.14	0.42	0.2	—	—
$CaCl_2$/g	0.12	0.24	0.2	—	—
$NaHCO_3$/g	0.2	0.1~0.3	1.0		
NaH_2PO_4/g	0.01	—	0.05		
$MgCl_2$/g	—	—	0.1		
葡萄糖/g	2.0(可不加)	1.0~2.5	1.0		
加蒸馏水后的体积/mL	1000	1000	1000	1000	1000
pH	7.2	7.3~7.4	7.3~7.4		

八、常见消毒液、洗液的配制

常见消毒液、洗液的配制方法见表 3-3-2。

表 3-3-2 常见消毒液、洗液的配制

消毒药名称	常配浓度及方法	用途
新洁而灭	1∶1000	洗手,消毒手术器械
来苏水	3%~5%	器械消毒,实验室地面、动物笼架、实验台消毒
	1%~2%	皮肤洗涤
苯酚	5%	器械消毒,实验室消毒
	1%	皮肤洗涤

（续表）

消毒药名称	常配浓度及方法	用途
漂白粉	10％	消毒动物排泄物、分泌物及严重污染区域
	0.5％	实验室喷雾消毒
生石灰	10％～20％	污染的地面和墙壁的消毒
甲醛溶液	36％	实验室蒸气消毒
	10％	器械消毒
乳酸	每 100 m³ 4～8 mL	实验室蒸气消毒
碘酒	碘 3.0～5.0 g、碘化钾 3.0～5.0 g，加 75％酒精至 100 mL	皮肤消毒，待干后 75％酒精擦去
高锰酸钾溶液	高锰酸钾 10 g、蒸馏水 100 mL	皮肤消毒、洗涤
硼酸消毒液	硼酸 2 g、蒸馏水 100 mL	洗涤直肠、鼻腔、口腔、眼结膜等

　　肥皂水是乳化剂，能除污垢，是常用的洗液，但须注意肥皂质量，以不含砂质为佳。

　　重铬酸钾硫酸洗液的成分主要为重铬酸钾与硫酸，有强氧化作用，一般有机物如血、尿、油脂等污渍均可被其氧化而除净。如将溶液事先稍微加热，则效力更强。重铬酸钾洗液原为棕红色，若使用多次，重铬酸钾就被还原为绿色铬酸盐，效力减弱，此时可加热浓缩或补加重铬酸钾，之后可继续使用。配制重铬酸钾洗液时，要将浓硫酸缓缓加入水中，防止溅出伤人。

第四章　一台显微镜就能做的细胞学实验

细胞生物学是在显微、亚显微和分子等各级水平上,研究细胞的结构、功能和各种生命规律的一门科学。恩格斯曾把细胞学说、能量守恒定律、自然选择学说并誉为 19 世纪自然科学三大发现。细胞学说最早是 19 世纪早期由德国植物学家施莱登和动物学家施旺提出的,他们认为细胞是动植物结构和生命活动的基本单位。1858 年,德国科学家魏尔肖提出新细胞是由细胞分裂产生的,完善了细胞学说。细胞学说论证并解释了整个生物界的统一性和进化上的共同起源。基础教育高中生物必修一几乎整册书都是讲关于细胞的知识,可见细胞生物学的重要性。

细胞非常小,直径通常只有几十微米。学习细胞学,就一定离不开显微镜。显微镜的发明是带着人类进入细胞层面研究生命现象的基本条件,没有显微镜就没有细胞生物学。显微镜把一个全新的世界展现在人类的视野里。16 世纪末,荷兰眼镜商亚斯·詹森制造出最早的显微镜;之后意大利科学家伽利略开始在科学上使用显微镜,他通过显微镜观察到昆虫的复眼;荷兰列文虎克使用自制显微镜观察了许多肉眼所看不见的微小动植物。20 世纪,生物学界又发生了一场革命——电子显微镜的出现和使用,这标志着生物学进入亚显微时代,这使得科学家能观察到纳米级的物体。电子显微镜的发明者恩斯特·鲁斯卡 1986 年被授予诺贝尔物理学奖。

细胞工程是细胞学实际应用的科学,包括植物细胞工程、动物细胞工程和胚胎工程。植物细胞工程涉及的技术有各种植物组织培养、细胞杂交等;动物细胞工程的技术有动物细胞培养、单克隆抗体、细胞核移植技术、干细胞技术和动物克隆等;胚胎工程的技术有体外受精、胚胎分割和胚胎移植等。医学界攻克癌症也大都需要使用到细胞工程的技术。

张老师认为每个孩子的成长过程中都需要一台显微镜和一台天文望远镜。在工业社会如此发达的情况下,一台放大 1000 倍的显微镜只需要二三百块钱。仅仅一套乐高玩具或一套芭比娃娃的钱,就可以让孩子进入显微世界,这对于人的成长太重要了。科学研究的精神要从孩子培养。父母在装修住宅的时候在客厅里留一个角落,给孩子放台显微镜,饭后茶余找些叶片、昆虫翅膀什么的观察一下,有助于孩子对自然的了解。有的家长说:学校里不是都有显微镜实验课吗? 实际情况是城里的学校仅有几十台显微镜,且一二十年不会更换,而农村经济基础薄弱的地方,可能只有几台蒙灰且锈迹斑斑的显微镜。同学们做实验的时候更是几个人围着一台,每个人看不上几眼,根本无法尽兴。如果家长们读了我这本书,就给孩子买台显微镜吧。

一、高倍镜的使用和各类细胞的观察

一般单目光学显微镜有一个 $10\times$ 或者 $16\times$ 的目镜,而物镜会有 3 个,分别为 $10\times$、$40\times$、$100\times$(油镜)。在观察时,先用低倍镜找到要观察的细胞,将观察目标移动到视野中央,再用高倍镜观察。视野如果变暗,则可以调节光圈提高亮度。使用油镜的时候,在镜头和盖玻片之间滴上香柏油,增加光的折射率,用后需要用二甲苯擦净。观察细胞时,可以选用动物细胞(血液涂片、皮肤切片、原生动物)、植物细胞(叶、花、茎维管束)、真菌(青霉菌、毛霉菌、酵母菌)、细菌(大肠杆菌、乳酸菌)。

二、细胞器与细胞核的观察

在熟练使用高倍镜之后,我们就可以进行真核细胞细胞器和细胞核的观察。叶绿体是最好观察的细胞器,本身比较大,颜色还是鲜艳的绿色。不同植物的叶绿体形态不同,水绵有带状的叶绿体,大部分植物的叶绿体呈椭球形。液泡也是比较好观察的细胞器,尤其是鲜艳的花朵和果实表皮的中央大液泡,它们是呈现植物美丽颜色的关键。比较难观察的是线粒体等无色的细胞器,需要染色才能观察。线粒体的染色需要用到詹纳斯绿 B。细胞核的观察其实比较简单,不用染色也可以看见。用甲基绿-派洛宁染液给 DNA 染色后,就可以更为清楚地观察细胞核,而且可以观察到分布在细胞质中的 RNA。RNA 上还有核糖体附着,可进行蛋白质合成。

三、细胞膜的制备

我们利用动物细胞没有细胞壁的特点和渗透压的原理,将哺乳动物的红细胞在水中胀破,就会得到细胞膜。这个实验非常经典,又名血影实验。同学们自己在家就可以做这个实验。用一次性医用采血针扎破手指,挤一点血液滴在载玻片上。先滴加生理盐水,制成临时血涂片,在显微镜下观察,此时的红细胞是亮亮的。然后在盖玻片的一侧滴加蒸馏水,红细胞开始膨胀破裂,过程持续 5 min 左右。在显微镜下明显看到亮亮的红细胞变得暗淡,这证明红细胞已经胀破,折光率下降,血影实验成功。从这个实验我们得知一个重要的医疗知识:生理盐水是人体的等渗溶液。务必使用生理盐水配制注射类药物,如果生理盐水浓度不达标,将会出现严重的输液反应,造成生命危险。

四、植物细胞的失水和吸水

腌黄瓜的时候会挤出很多水分,而土豆丝切好后放在清水里浸泡,口感特别脆,这是为什么呢? 这就是植物细胞渗透压的作用。当外界溶液的浓度大于细胞液的浓度,植物细胞失水;当外界溶液的浓度小于细胞液的浓度,植物细胞吸水。由于细胞壁的存在,植物细胞不会像动物细胞一样胀破,只会变得饱满。

准备一个紫色洋葱,撕一块外表皮置于载玻片上,滴加一滴 5% 的硝酸钾溶液,盖上盖玻片,在显微镜下观察,会发现细胞发生质壁分离。再滴加清水(不要间隔太久),会观察到质壁分离慢慢复原。

五、细胞器的离心分离与观察

这个实验需要低温离心机,一般学校都会配备,可以在教师开设特色实验时使用。离心分为差速离心和密度梯度离心。细胞器在分离时,使用蔗糖溶液作为介质,能保证细胞器的活性、功能和结构。离心力用 g 表示,其与转速(n,单位:r/min)的关系:$g = 1.11 \times 10^{-5} \times n \times r$($r$ 为旋转半径)。细胞核的离心用 $1500g$,线粒体用 $10\,000g$,溶酶体用 $16\,300g$,微粒体用 $100\,000g$。

六、细胞模型的构建

细胞是微小的、显微或亚显微层面的,但是我们可以将细胞放大来构建模型,理解或者记忆相关的知识点。模型的构建是学习生物学非常关键的手段。细胞模型可以分为整个动物细胞(图 4-1)或者植物细胞的模型、单独的细胞器模型或细胞膜模型。从材质上来说,常见的有橡皮

图 4-1　动物细胞模型

泥、黏土、软陶等等可塑性材料。最近 3D 打印很流行，用 3D 打印笔或者 3D 打印机打印的模型既美观，又可以永久保存，做个小挂件、小书签随身带着，把知识当成乐趣，可以大大提高同学们学习生物的兴趣。此外还可以利用废旧物品制作生物模型，比如用废旧乒乓球或者药丸壳制作生物膜模型，既节约成本，又学习了知识。这种学科交叉应用非常广泛。将别的学科先进的技术应用到自己的研究领域来，是现代科研人的基本素养之一。

七、细胞培养技术

最简单的细胞培养实验就是孵鸡蛋了。从 1885 年德国的罗克斯用温生理盐水培养鸡胚，到现在的试管婴儿和克隆动物，应用的都是细胞培养的技术。最基本的细胞培养技术主要有组织分离技术、无菌操作技术、细胞计数技术、细胞传代冻存等。培养方法有悬滴培养法、固体平板培养法、悬浮培养法、半固体培养法、克隆培养法、微载体培养法、球体培养法等等，各有优缺点，需根据需求来决定。如果身边有阿姨采用试管婴儿技术生育了宝宝，去向她咨询一下过程怎样、成功率如何、宝宝是否健康。细胞培养可分为原代培养和传代（继代）培养：直接从体内获取的组织细胞进行首次培养为原代培养；当原代培养的细胞增殖达到一定密度后，则需要将培养的细胞分散，转移到另外的容器中扩大培养，即传代培养。传代培养的累积次数就是细胞的代数。

细胞培养是一项条件要求苛刻、程序复杂的专业实验，细胞培养成败的关键是无菌操作，离体细胞的生长受温度、pH、渗透压等的影响，配液也有严格规定。

实验用品：超净工作台、二氧化碳培养箱、平皿、倒置显微镜、手术器械、吸管、培养瓶、离心管（灭菌后备用）、酒精灯、烧杯、MEM 培养液（含 5％小牛血清）、0.01 mol/L PBS、胶原酶、消化液（0.25％胰蛋白酶、0.02％EDTA）、体积分数为 75％的酒精、小鼠。

实验步骤：

（1）小鼠组织获取：用颈椎脱臼法处死小鼠，把小鼠浸入 75％酒精中消毒数秒，取出后放在大平皿中，放入超净工作台。用碘酒和乙醇再次消毒皮肤，用消过毒的剪刀剖腹取出肾脏或肝脏，置于无菌平皿中。

（2）细胞悬液制备：将取出的脏器在灭菌的 PBS 中清洗 3 次，用眼科剪将组织仔细剪碎成直径 1 mm 左右的小块，再用 PBS 清洗，洗到组织块发白为止。将组织块移入无菌离心管中，静置数分钟，使组织块自然沉到管底，弃去上清。吸取胶原酶、消化液各 1 mL 加入离心管中，与组织块混匀后，加上塞子，37℃水浴消化 8～10 min。经常摇动一下离心管,使组织与消化液充分接触消化,获得单个细胞悬液。

(3)原代细胞培养:向离心管中加入 MEM 培养基(含 5％小牛血清)5～10 mL,用移液器吹打混匀,移入培养瓶中,置于二氧化碳培养箱中培养。细胞接种后一般几小时内就能贴壁并开始生长,如接种的细胞密度适宜,5～7 d 即可形成单层,之后可以更换培养基,继续传代培养。

八、细胞的衰老

不同的细胞寿命不同,人体的神经细胞寿命可达几十年,可是皮肤细胞平均只有 28 d 的寿命。细胞的分裂次数和周期也不同,人体的神经和肌肉细胞一旦形成是不能够再分裂的,一般的细胞分裂次数不超过 50 次。现代研究表明细胞的衰老与染色体的端粒有关。我们可以观察一下衰老的部位,比如老年人的皮肤等等,总结细胞衰老的特点。衰老细胞的主要特征:细胞体积变小,有些酶的活性降低,细胞新陈代谢速率减慢;细胞水分减少,细胞萎缩;细胞膜通透性功能改变,物质运输功能降低;细胞核增大,染色质固缩失活,染色加深,细胞内的色素逐渐积累。

"关爱老年人,揭露伪抗衰",思考:怎样科学地延缓衰老?

伴随我国老龄化社会的形成,老年人口越来越多。调查咨询周围的老年人,了解人体各项机能是怎样伴随年龄而衰退的。调查市场上有哪些产品是可以延缓衰老的,调查其抗衰老的机制是什么,是否科学、安全,是否是欺骗老年人的"伪抗衰"。例如,市场上大量的口服抗氧化酶产品、外涂的胶原蛋白、注射的干细胞等等都是伪科学、"伪抗衰"。写一篇调查报告,揭露"伪抗衰"产品。

九、细胞的凋亡——观察蝌蚪的尾部消失、调查人类智齿的生长

细胞凋亡又叫程序性细胞死亡,如蝌蚪尾部的消失、人乳牙的更换、胚胎发育过程中指蹼的消失等等。回忆一下,换乳牙是怎样的经历? 思考一下,细胞应该凋亡却没有凋亡,比如乳牙滞留、婴儿的返祖现象等,会不会给人们带来困扰?

(一)观察蝌蚪尾部的消失

观察蝌蚪尾部的消失过程,并且采用投喂保幼激素或者促发育激素来进行激素调节。

(二)调查智齿的生长

智齿是人类口腔进化过程中一大"败笔"。类人猿的口腔是向前突出的,因此在性成熟后会再生出 4 颗恒磨牙来补充之前的牙齿磨损。后来人类学会了烹饪,食物变得柔软,所以口腔缩短,不能够通过正常的细胞凋亡形成智齿所需的空间,新生智齿没有"立足之地",成了引起口腔问题的一大隐患。智齿有侧生的、横出的、隐生的等等。在出现发炎、龋齿等问题前及时拔除生长不正常的智齿,是很有必要的。观察一下自己的口腔,看看有没有智齿的出现。咨询一下家人是否因为智齿发育引起过口腔问题。写一篇预防智齿疾病的调查报告。

十、细胞的癌变

癌症是人类三大"杀手"之一。正常的细胞分裂是有一定次数限制的,癌细胞的分裂却是不受控制的。癌细胞并不像普通细胞一样贴壁生长,形态多呈球形并且可以游离(图 4-2),因此癌细胞会扩散,吸收并挤压正常组织的营养和生存空间。长期接触放射性物质或化学物质,或感染某些病毒,正常细胞就有可能转变为癌细胞。

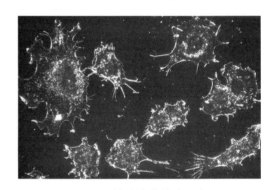

图 4-2　体外培养的癌细胞

请调查一下周围亲朋好友中是否有人得过癌症,使用过怎样的治疗手段,有怎样的副作用,效果如何。怎样预防癌症? 人体唯一一个从未发生过癌症的器官就是心脏。心脏是一个供血的"泵",每次泵血都会有大量血液经过血管,如此激烈的冲刷,让癌细胞无法附着生存。适当的运动、合理的营养和休息、健康的生活作息是预防癌症的最佳选择。预防为主,定时体检,早发现、早治疗,树立癌症不可怕的信心。写一篇抗癌调查报告并倡导科学抗癌的方法。

十一、细胞生物学的研究领域应用调查——细胞工程

细胞工程研究最为热门的领域,有胚胎发育学、干细胞研究、癌症研究等等。胚胎发育学中最为热门的就是克隆技术。克隆技术利用卵细胞的细胞质与普通细胞的细胞核融合,发育成胚胎后,植入适合的母体中,生下的后代基本

图 4-3　克隆羊多莉标本

保留提供细胞核的动物的属性,如克隆羊多莉(图 4-3)。克隆人是被禁止的,因为这不符合伦理道德,更涉及人权的问题。干细胞研究是利用干细胞的全能性,按照人们的意愿发育成组织和器官,供医疗使用,比如冷冻脐带血治疗白血病。癌症研究主要是开发某种药物和机制,可以作为调节癌细胞无限增殖的"基因开关",打开受抑制的"抑癌基因",关闭被激活"原癌基因"。写一篇关于细胞生物学热门领域研究的调查报告。

十二、植物的克隆——植物组织培养技术

植物组织培养(图 4-4)是近几十年来发展起来的根据植物细胞具有全能性的一项无性繁殖的新技术,简称植物组培。该技术从植物体分离出符合需要的器官、组织、细胞等,在无菌条件下将其接种在含有各种营养物质及植物激素的培养基上进行培养,以获得再生的完整植株或生产具有经济价值产品。该技术挽救了无数珍稀濒危的植物,比如红豆杉。

图 4-4　植物组织培养

植物组织培养的基本操作步骤(全程均为无菌操作):愈伤培养基的配制—植株灭菌—植株分离—移入培养基进行培养—愈伤组织出现—更换生根培养基—生根后更换生芽培养基—获得完整植株—移栽基质。

(一)MS 培养基的配制

母液的配制和保存:MS 培养基含有近 30 种营养成分,为了减少工作量,可

将培养基中的各种成分按原量的 20 倍或 200 倍配成培养基母液(表 4-1)。

注意事项:应放在 4℃冰箱里保存;在使母液时,如果发现瓶中有悬浮物、微生物污染或沉淀,应重新配制;用取母液之前,用母液将量筒或移液管润洗 2 次。

使用方法:用天平分别称取琼脂 30 g、蔗糖 9 g,放入 1000 mL 的量杯中,再加入蒸馏水 750 mL,用电炉加热,边加热边用玻璃棒搅拌,直到琼脂融化,再将母液加入煮沸的琼脂中,加蒸馏水定容至 1000 mL,之后高压灭菌。

(1)码放锥形瓶:将装有培养基的锥形瓶直立于金属小筐中,再放入高压蒸气灭菌锅内。

(2)放置其他物品:放置装有蒸馏水的锥形瓶、接种瓶、广口瓶(以上物品都要用牛皮纸封口)、培养皿等。

(3)灭菌:在 98 kPa、121℃下灭菌 20 min。灭菌后取出锥形瓶,让其中的培养基自然冷却凝固后再使用。

表 4-1　MS 培养基母液的配制

成分	规定用量/(mg/L)	扩大倍数	称取量/mg	母液定容体积/mL	配 1L MS 培养基吸取量/mL
大量元素					
KNO_3	1900	20	38 000	1000	50
NH_4NO_3	1650	20	33 000	1000	50
$MgSO_4 \cdot 7H_2O$	370	20	7400	1000	50
KH_2PO_4	170	20	3400	1000	50
$CaCl_2 \cdot 2H_2O$	440	20	8800	1000	50
微量元素					
$MnSO_4 \cdot 4H_2O$	22.3	1000	22 300	1000	1
$ZnSO_4 \cdot 7H_2O$	8.6	1000	8600	1000	1
H_3BO_3	6.2	1000	6200	1000	1
KI	0.83	1000	830	1000	1
$Na_2MoO_4 \cdot 2H_2O$	0.25	1000	250	1000	1
$CuSO_4 \cdot 5H_2O$	0.025	1000	25	1000	1
$CoCl_2 \cdot 6H_2O$	0.025	1000	25	1000	1

（续表）

成分	规定用量/(mg/L)	扩大倍数	称取量/mg	母液定容体积/mL	配 1L MS 培养基吸取量/mL
铁盐					
Na$_2$-EDTA	37.3	100	3730	1000	10
FeSO$_4 \cdot$ 7H$_2$O	27.8	100	2780	1000	10
维生素和氨基酸					
甘氨酸	2.0	50	100	500	10
维生素 B$_1$	0.1	50	5	500	10
维生素 B$_6$	0.5	50	25	500	10
肌醇	100	50	5000	500	10

（二）胡萝卜愈伤组织的培养

胡萝卜愈伤组织增殖培养基的配方：MS 基本培养基（0.1 mg/L 6-BA、1.0 mg/L 2,4-D、3%蔗糖、200 mg/L 水解蛋白、0.7%琼脂粉）。

实验步骤：

（1）实验器材的准备：超净工作台提前 15 min 开紫外线消毒、体积分数为 75%的酒精、次氯酸钠、无菌水、待用培养基、接种瓶、剪刀、镊子、培养皿、酒精灯、计时器等。

（2）实验材料的准备：材料经修整、刷洗、冲洗，然后用洗洁精浸洗并搅动。

（3）接种：

①工作人员双手消毒：七步洗手法后用消毒凝胶消毒。

②装材料的容器及玻璃棒用 75%酒精进行擦拭消毒。

③将待消毒材料浸入 75%酒精中 10 s，取出用无菌水冲洗。

④倒入次氯酸钠溶液消毒 3 min。

⑤倒出次氯酸钠消毒液。

⑥足量无菌水清洗后，切 1 cm^3 大小块接种到培养基上。

（4）将培养皿放置于 25℃全黑暗条件下进行愈伤组织的培养。

（三）烟草的组织培养

烟草是不需要使用添加激素的 MS 培养基就可以进行组织培养的植物，实验简化很多,特别受师生的欢迎。外植体的灭菌比较难控制火候,灭得过了,植物就死掉了,而灭得轻了又会长细菌。因此我们可以选择无菌瓶苗进行操作,会大大提高实验的成功率。操作过程与胡萝卜愈伤组织的培养基本相同。

(四)花卉植物的组织培养——菊花的扩繁

如果我们只有一株菊花,如何办花展呢?答案就是组织培养,因为组织培养能保留花卉的优良特性,并且能迅速繁殖花卉。我们可以使用菊花的叶片、茎段进行愈伤培养,再更换不同激素配方的培养基进行芽和根的诱导,也可以直接剪切两叶一芽进行生根培养,可以在短短一个月内由一株菊花繁殖数十株菊花。瓶苗菊花的炼苗移栽一般采用蛭石进行过渡。将瓶苗开盖炼苗一周左右,从瓶中取出,洗净培养基,放入装满蛭石(需提前用清水浸透)的容器,25℃、光照 12 h 下培养,大约两周后待生出新根和新叶后,移入营养土基质中。

(五)珍贵花卉——石斛和蝴蝶兰的瓶苗移栽

石斛(图 4-5)是一种珍贵的药材,也是一种美丽的花卉。石斛的瓶苗移栽需要使用树皮、花生壳等透气培养基,培养箱底部需要铺垫石子。在瓶中炼苗后,5 株为一组种植,每组间隔 10 cm 左右。石斛属于耐阴植物,不要放于太阳下直晒,应放于阴凉通风处。蝴蝶兰是一种名贵花卉,瓶苗移栽需要使用水苔。水苔需要经过开水烫过灭菌,挤干水分。剪去组培苗坏死的病根、黄叶,用水苔包裹后放入培养盆中,每日喷水保湿,待长出新叶、新根后,就可以正常栽培、育花。

图 4-5　石斛

(六)植物原生质体的制备

植物原生质体是指脱去全部细胞壁后获得的裸露活细胞。它不但具有细胞全能性,而且是是植物遗传工程转基因突变体筛选、细胞无性系变异、细胞杂交的理想材料。酶解法分离原生质体是常用的技术。聚乙二醇(PEG)法可诱导原生质体融合进行细胞杂交或者转化质粒进行基因工程操作。

实验用品:植物原生质体制备及转化试剂盒、剪尖吸头、纤维素酶、离析酶、平头镊子、70 μm 细胞过滤筛、一次性刀片、50 mL 离心管、1.5 mL 离心管、水浴锅。

实验步骤:

(1)酶解:0.1 g 拟南芥(15～20 个叶片)切成 1 mm³ 的小块,加 5 mL 纤维素酶溶液浸泡,20～25℃避光酶解 3 h,无须振荡,每隔 20 min 混匀一次。

(2)漂洗:酶解后加入等体积的溶液Ⅱ混匀,此时需要轻柔操作。

(3)过滤:目的是去除未消化的叶片。过滤酶解溶液需用孔径 70 μm 的过滤筛,用大离心管收集滤出液。

(4)收集:滤出液常温 100g 离心 2 min,保留沉淀,去除上清。

(5)重悬:用剪尖烧圆的吸头将沉淀重悬于 1 mL 溶液Ⅲ中,得到原生质体溶液,可以用血细胞计数板计数。

十三、观察蛙类胚胎发育

夏季去水质较好的池塘捞一些蛙类的受精卵,放在玻璃缸中进行细胞分裂和胚胎发育的观察。每天取几枚受精卵在显微镜下进行观察,会发现受精卵从一个细胞逐渐分裂成桑葚胚,形成中空的胚泡,继续分裂成原肠胚,进而发育成蝌蚪的组织和器官。

十四、宠物犬的人工授精与精细胞的观察

人工授精技术的普及大大提高了犬的繁育效率,最大限度地利用优良公犬,打破时间、空间和雌雄个体差异较大等限制。根据授精的情况不同、操作人的手法不同,可以选择适宜的授精方法。在品种良好的雄性犬发情的时候,使用假狗玩偶使其射精,用小试管收集精液,显微镜下检查,如果合格,则使用营养液冷藏保存,一周内给发情的同品种优良雌性犬使用一次性授精管人工阴道授精,并给予良好营养条件,观察是否妊娠。这样不但节约了成本,可以迅速地提高子代质量,还能预防传染性疾病的传播。

十五、ABO 血型实验及遗传学分析

ABO 血型系统是根据红细胞表面有无特异性凝集原 A 和凝集原 B 来划分的血液类型系统,根据凝集原 A、B 的分布把血液分为 A、B、AB、O 四型。该血型系统在 1901 年由奥地利生物学家兰德斯坦纳发现。输血前必须做血型鉴定,输血时若血型不合会使输入的红细胞发生凝集,引起血管阻塞或大量溶血,造成严重后果。正常情况下只有血型相同者才可以相互输血。在缺乏同型血源的紧急情况下,因 O 型红细胞无凝集原,不会被凝集,可输给其他血型的人;AB 型的人血清中无凝集素,可接受其他血型的红细胞。

实验用品:一次性放血针、固相血型测试卡、碘附。

实验步骤:用碘附消毒手指,使用一次性放血针刺破手指,将血液滴到血型测试卡中间,滴入缓冲液,显色的位置即指示血型。

在 ABO 抗原的生物合成中 3 个等位基因 A、B、O 及 H 控制着 A、B 抗原的形成。ABO 抗原的前体是 H 抗原。A 基因编码一种叫 N-乙酰半乳糖胺转移酶的蛋白质(A 酶),能把 H 抗原转化成 A 抗原;B 基因编码一种叫半乳糖转移酶的蛋白质(B 酶),能把 H 抗原转化成 B 抗原;O 基因不能编码有活性的酶,而只有 H 抗原。A、B 基因为显性基因,O(H)基因为隐性基因。它们的遗传规律所显示的父母血型与子代血型间的关系(表 4-2),在法医学上可作为否定亲子关系的依据,若再配合其他血型系统的测定,则可判断亲子关系。

表 4-2　父母与子女的血型关系

父母血型	子女可能有的血型及比例	子女不可能有的血型
O、O	O	A、B、AB
O、A	O、A(1∶3)	B、AB
O、B	O、B(1∶3)	A、AB
O、AB	A、B(1∶1)	O、AB
A、A	O、A(1∶15)	B、AB
A、B	A、B、AB、O(3∶3∶9∶1)	—
A、AB	A、B、AB(4∶1∶3)	O
B、B	O、B(1∶15)	A、AB
B、AB	A、B、AB(1∶4∶3)	O
AB、AB	A、B、AB(1∶1∶2)	O

十六、各种免疫细胞的观察

血涂片经瑞特(Wright)染液染色后,不同免疫细胞中的颗粒可以呈现不同的颜色。根据细胞的大小及数量、颗粒的颜色、细胞核的大小及形态,将免疫细胞分为 B 细胞、T 细胞、DC 细胞、NK 细胞、红细胞、肥大细胞、中性粒细胞、单核巨噬细胞、嗜酸性粒细胞、血小板。

实验用品:小白鼠、瑞特染液、pH 8.6 硫酸盐缓冲液、20%盐酸甲醇、手术器械。

实验步骤:

(1)小白鼠放血与涂片:小白鼠取血,每组取一滴血置于载玻片的一端。另取一张载玻片,斜置于血涂片的前缘,先向后稍移动轻轻触及血滴,使血液沿载玻片边缘展开成线状。两玻片的角度为 30～40°(角度过大血膜较厚,角度小则血膜薄),轻轻将载玻片向前推进,即涂成血液薄膜。推进时速度要一致,否则厚薄不匀。

(2)染色:待涂片完全干燥后,滴加数滴瑞特染液盖满血膜,染色 1～3 min。然后滴加等量 pH 8.6 硫酸缓冲液或蒸馏水冲去染液,静置 8～10 min,弃染料,水洗。

(3)脱色:用 20%盐酸甲醇脱色,肉眼观察玻片呈粉红色后,镜检。

(4)镜检:分别用低倍、高倍镜观察血涂片和标准片,观察免疫细胞的形态。

十七、人类胚胎的观察

人类从受精卵发育到胎儿分为三个时期:受精后第一周为胚卵期;受精后 2～8 周为胚胎期;受精后 9～38 周为胎儿期。受精卵在 3～6 周内先分化出中枢神经,这时胚胎呈 C 形,出现肢芽突起、尾部和鳃弓等,胚体长约 1 cm。第二个月胚胎已初具人形,从这时起称为胎儿。第四个月体长 15～20 cm,开始出现心脏搏动。第五个月肌肉发育,胎儿开始有活泼动作。第六个月体长达 30 cm。第八个月各种组织和器官大体上已形成。其后的出生前两个月内,主要属生长阶段。人的胚胎期从受精计算为 266 天(38 周),由最后一次月经起始至分娩约 280 天(40 周),故称为"十月怀胎"。人体胚胎在发育成长过程中,如果受到不良环境因素或者药物的干扰,可能会形态异常,造成先天性畸形或其他先天性疾病,因此做好产检非常重要。

有条件的学校可以采购胎儿标本供学生参观;如果没有条件,可以让学生观看挂图或者视频,来了解人类胎儿的发育全过程。调查各种导致畸形胎儿的原因,思考应当怎样避免畸形胎儿的出现,写一篇调查报告。

十八、调查胚胎工程在实践中的应用:参观现代化养牛场

比起空运进口种牛,进口优良奶牛的胚胎似乎更方便和容易。我们还可以利用胚胎工程进行胚胎切割,将一个胚胎变成 2～4 个胚胎,然后进行胚胎移植。先选择良种公牛与母牛进行交配或者人工授精,获得受精卵后进行冲卵,得到的受精卵经胚胎培养到一定时期进行性别检测,将所需胚胎进行切割后,移植到受体母牛体内,母牛妊娠后产下良种牛后代。

第五章　有几个试剂盒就可以做的生物化学实验

　　生物化学简称为生化,是研究存在于生物体中的化学反应的学科,例如研究糖类、脂类、蛋白质、核酸等生物大分子的结构和功能。生物化学的三个主要分支是普通生物化学、植物生物化学、医药(人类)生物化学。

　　很早以前,人们普遍认为普通的化学法则不适用于解释生命体中的物质变化,并认为只有生命体能够产生构成生命体的分子。1828年,德国化学家弗里德里希·维勒成功合成了尿素,证明有机分子也可以人工合成。1833年,法国化学家安塞姆·佩恩发现了第一种酶——淀粉酶。1896年,德国化学家爱德华·比希纳阐释了酵母细胞提取液中的乙醇发酵过程。1903年,德国化学家卡尔·纽伯格使用"生物化学"后,这一词汇才被科学界广泛接受。从20世纪中叶以来,随着电子显微镜、色谱技术、放射性同位素标记、核磁共振、X射线晶体学以及分子动力学模拟等新技术的出现,生物化学有了极大的发展。这些技术使得研究生物分子结构和糖酵解、三羧酸循环等细胞代谢途径成为可能。生物化学发展过程中的另一个里程碑是发现基因及其在遗传中的作用,从此分子生物学又从生物化学中分出来。20世纪50年代,沃森、克里克、富兰克林和威尔金斯共同参与解析了DNA双螺旋结构,并解释了DNA与遗传信息传递之间的关系。1958年诺贝尔生理学或医学奖由比德尔和塔特姆发现"基因功能受到特定化学过程的调控"而获得。1988年,以DNA指纹分析结果作为证据,使得DNA技术在法医学得到进一步应用。2006年,法厄和梅洛发现RNA的干扰作用而获得诺贝尔奖。

　　对于在家中开设生物化学实验,张老师建议尽量使用试剂盒。因为生物化学实验所需要的一些试剂属于危险化学品,是被管制的,市面上很难采购到,但是试剂盒中的试剂都是实验公司配制好的,只要按照使用说明书来操作,一般是没有危险的。相较于过去大烧杯、大试管实验,我们现在更倾向于用小针管、小Eppendorf管进行的小体系实验,这样更安全、更节省。在生化检测类的实验中,水质的检测是最简单的,可作为生化实验练习的起点。我建议家中条件允许的情况下可备一台水质检测箱,价格不是很高,配套的还有电子 pH 计、矿物质计等,非常实用,除了可以对饮用水进行检测,还可以对家中的生态鱼缸水质进行检测。此外,对于糖类、蛋白质、维生素和亚硝酸盐的检测都是孩子们感兴趣的。通过这些实验,孩子们不但可以学习知识,还可以经常检测家里的食品,提高食品安全意识。针管不但可以当烧杯、试管、推进器,还可以当量筒、集气瓶等使用,搭配各种连通管后会更加实用。这可是张老师多年从事实验工作总结的"独家秘方",本书将毫无保留地介绍给大家!

一、食物中各类物质的鉴定

(一)糖类鉴定

1849 年,德国化学家斐林发明了斐林试剂。它是由含量为 0.1 g/mL 的 NaOH 溶液和含量为 0.05 g/mL 的 $CuSO_4$ 溶液按体积比 1∶1 配成的,生成的蓝色的沉淀氢氧化铜在 60℃ 水浴加热的条件下,可被可溶性的还原性糖还原成砖红色的氧化亚铜沉淀。斐林试剂常用于鉴定可溶性的还原性糖。核糖、麦芽糖、葡萄糖、果糖、乳糖都是还原性糖,检测结果呈阳性;蔗糖、淀粉为非还原性糖,检测结果呈阴性。淀粉的检测就更为简单了,使用碘水即可,淀粉遇到碘水会显现蓝色。

还可以使用尿糖试纸来进行检测,更适合在家中操作。

(二)脂质检测

利用苏丹类染料将花生切片染色,在显微镜下观察,可以看到许多橙红色的脂肪滴。在腌制咸鸭蛋时如果加入了苏丹类染料,蛋黄就会特别红,而蛋白却没有被染色。但是苏丹类染料对人体有毒害,可致癌,因此要注意食品安全。

(三)蛋白质检测

使用双缩脲试剂进行蛋白质的检测。双缩脲试剂 A 为 0.1 g/mL 的 NaOH 溶液,试剂 B 为 0.01 g/mL 的 $CuSO_4$ 溶液。双缩脲试剂使用时,先加入 2 mL 试剂 A,振荡摇匀,使蛋白质适当变性,再加入 3～4 滴试剂 B,振荡摇匀后观察现象,看溶液是否变成紫色。与斐林试剂不同,双缩脲试剂使用过程中不需加热。蛋白质的肽键在碱性溶液中能与 Cu^{2+} 形成紫色的络合物,紫色的深浅与蛋白质浓度成正比,因此可以使用分光广度计,通过配制标准溶液来对蛋白质进行粗略的定量分析。本方法只能检测肽键,并不能检测出三聚氰胺。

"大头娃娃"事件涉及的劣质奶粉中的蛋白质、脂肪和碳水化合物等不及国家标准的 1/3,甚至有些产品亚硝酸盐、大肠菌群严重超标。婴幼儿长期食用这些劣质奶粉,会严重营养不良、体重减轻、免疫力下降、智力发育不全甚至全身水肿,内脏器官功能受损,如发现、抢救不及时,极易死亡。奶粉的质量监督受到社会的广泛关注。产品质量监督检验所一般会采用牛奶蛋白质检测管来检测奶粉的蛋白质含量,有效地查出劣质奶粉,保障婴幼儿的身体健康,预防悲剧重演。这种蛋白质检测管的检测范围:每 100 g 液体样品 0～20 g 蛋白质,或每 100 g 固体样品 0～40 g 蛋白质。如果同学们家中有新生儿出生,请自行购买一套,随时检测奶粉的质量,对家人负责。

实验步骤:

(1)取奶粉样品 2 g(液体奶取 4 mL)放置于烧杯中,加纯净水或蒸馏水稀释至 100 mL,充分摇匀。

(2)从中取 1 mL 溶液加入烧杯中,再加纯净水或蒸馏水至 40 mL,充分混匀制备成样品待测液。

(3)取一支蛋白质检测管,加入 0.5 mL 样品待测液,盖上盖子摇匀,反应 2 min,观察颜色变化,根据标准比色板进行粗略定量判定。

每批检测须做一个空白对照。

(四)维生素 C 的检测

购买一个"傻瓜"式维生素 C 检测试剂盒。取出一条试纸,不要用手触摸反应区,将反应区伸入待测液体中,5 min 后根据比色卡判断维生素 C 的含量。

(五)矿物质和重金属离子的检测

矿物质和重金属离子的检测一般用于水质检测。如果固体需要检测,需要马弗炉将样品灰化,然后检测。如果没有马弗炉,可以用火焰燃烧或者电陶炉将样品烤成灰。一套水质检测工具箱一般可以做 pH 检测、矿物质检测、重金属检测等等,是学习物质检测最好的工具,建议家长们都给自己的孩子配一套。水质检测工具箱还可以用于化妆品和人体头发中重金属的检测。我们都可以大胆地尝试一下,既可以学习到很多知识,又可以从小建立健康生活的理念。

(六)亚硝酸盐的检测

许多人爱吃泡菜、咸菜、腌肉等等腌制的食品,这些食品都是富含亚硝酸盐的。亚硝酸盐有咸味且价钱便宜,常被不法分子用作食盐的替代品,造成食物中毒。当食物中的亚硝酸盐含量超过 0.1 g/kg 时,人大量食用后就会严重中毒。使用颜色反应来检测亚硝酸盐,检验原理是在 pH 1.7 以下,亚硝酸盐与对氨基苯磺酰胺重氮化,再与盐酸萘乙二胺发生偶合反应,生成紫红色的偶氮染料。根据比色表,颜色越深,亚硝酸盐的含量就越高。

(1)采用亚硝酸盐试剂盒检测法,可以测量 0～100 mg/L(一般 40 mg/L 内较为准确)的亚硝酸盐。如果亚硝酸盐含量过高如 10 g/L,则出现的紫色很深并很快褪色,须加大稀释倍数重新测定。定量的依据是比色,因此要求样品无论是液体还是固体,其本身不都能有太深的颜色。液体最好是无色透明状;固体在制作待测液体时,不能褪色,否则将影响比色,造成结果不准确。

①液体取样法:用移液器量取 1 mL 待测样品,注入检测管中,5 min 后观察显色状况。

②固体取样法:电子天平校零后,称取 1 g 待测样本,切碎并用研钵碾压,加蒸馏水(不可加自来水,因为自来水中有少量亚硝酸盐)10 mL,使样品充分分离,振荡 10 min 加速,静置备用。之后的操作同液体取样法。固体取样法所得数值应当乘以 10。

(2)亚硝酸盐毒害实验:采用小白鼠进行活体急性毒理和慢性毒理实验,来检测亚硝酸盐对健康的危害。

①小白鼠急性毒理实验:查资料得亚硝酸钠的小鼠经口致死剂量为 180 mg/kg,按照普通成年小鼠的体重 40 g 来计算,给予小鼠 7.2 mg 亚硝酸钠,致死后解剖观察(图 5-1)。考虑到学生的安全,不采用灌胃针的方法,而采用较为简单的腹腔注射法。

②小白鼠慢性毒理实验:用100 mg/L 亚硝酸钠溶液(对人体

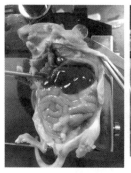

左:对照组;右:实验组(肝脏发黑,肠道充血)

图 5-1　亚硝酸盐毒害实验结果

危害浓度)替代清水饲养小鼠,饲料与正常小鼠一样,每天称体重,观察小鼠粪便和精神状况,来判断亚硝酸钠对健康的危害。在食物充足的情况下,喂食 100 mg/L 亚硝酸钠溶液的雌雄各一只成年小鼠在之后的 5 个周内明显消瘦,体重下降,不爱活动,情绪不高,无明显交配活动,粪便不成形且有异味;而清水对照组小鼠健康活泼,体重上升,情绪高涨,爱运动,时有交配活动。可见亚硝酸钠对小鼠的健康有一定影响。因此不建议人们长期吃含有较高亚硝酸盐的食物。

二、生物的呼吸作用与生物传感器的使用

生物化学反应过程产生的信息是多元化的,而利用现代传感技术和微电子学的成果来进行实时检测已经成为流行趋势。生物传感器类似于人体的感觉器官,是一种可以获取并处理信息的特殊装置。它以生物活性单元(如酶、抗体、核酸、细胞等)作为敏感单元,对检测目标具有高度单一选择性。优点有以下几点:采用固定生物活性物质技术,设备安装后可以重复使用,克服了过去分析试剂费用高和烦琐复杂的缺点;专一性强,只对特定的底物起反应,而且不受试样颜色、浊度等的影响;分析速度快,可实现实时检测;准确度高,一般相对误差可以达到 1%;操作系统可实现自动分析和远程控制;定期维护设备,结果相对可靠。目前有许多生物传感器已经可以直接与物联网和手机 App 相连,我们可以通过手机随时随地进行生物实验的观察和记录。智能家电、家居设计也多采用传感器技术。学会传感器的原理、使用方法、校正甚至设计制作,都是非常重要的。

温馨小贴士

生物传感器(biosensor)是一种对生物物质敏感并将其浓度转换为电信号进行检测的仪器。它由固定化的生物敏感材料作识别元件(包括酶、抗体、抗原、微生物、细胞、组织、核酸等生物活性物质),还包括适当的理化换能器(如氧电极、光敏管、场效应管、压电晶体等等)及信号放大装置。生物传感器具有接收器与转换器的功能。

主要功能:

(1)感受:提取出动植物发挥感知作用的生物材料,如生物组织、微生物、细胞器、酶、抗体、抗原、核酸、DNA 等。实现生物材料或类生物材料的批量生产,反复利用,降低检测的难度和成本。

(2)观察:将生物材料感受到的持续、有规律的信息转换为人们可以理解的信息。

(3)反应:将信息通过光学、压电、电化学、温度、电磁等方式展示给人们,为人们的决策提供依据。

(一)动物的呼吸作用

当肌肉剧烈运动时,细胞无氧呼吸产生乳酸,乳酸积累,人会感觉肌肉酸

痛。我们将比较一下呼出气体与外界气体,也可以测量憋气时间与呼出气体含氧量的区别,检测各种因素(温度、运动等)对呼吸的影响。实验需要用到气相密封罐,氧气,二氧化碳,相对湿度、温度传感器。向密封罐中吹气,记录传感器读数。可以在安静状态下测量,也可以在激烈运动后测量。还可以将小鼠、蛙、鱼放入密封罐中,测量动物的呼吸。如果测量鱼的呼吸量,切记需要具有能够在液体中测量溶解的二氧化碳和溶解氧的传感器,这与空气中的传感器不同。如果混用,会损坏传感器,而且会发生漏电危险。

(二)植物的呼吸作用

植物的呼吸在有氧的情况下,与动物基本一致;但是当无氧的情况下,有些植物会产生乙醇,有些会产生乳酸。测定在种子萌发过程中的呼吸作用,通过氧气和二氧化碳的浓度变化情况反映种子的呼吸状况。实验需要氧气传感器、二氧化碳传感器。将干黄豆种子用水浸泡后,放入广口瓶中,塞上橡皮塞,记录氧气和二氧化碳的浓度变化并绘制曲线。

三、光合作用的测定方法

(一)沉叶浮起法

使用生长旺盛的绿叶,用打孔器打出 30 个小叶片,放入注射器中,排出残留的空气。将小叶片分成三等份分别放入盛有清水的烧杯中,吹入等量 CO_2,分别置于强、中、弱三种光照下(可利用光距来调整光照强度)。过一段时间,观察记录同一时间各个烧杯中浮起的圆形叶片数量。此外,还可以用不同的光质(红、绿、蓝)进行实验,也可以将 CO_2 浓度或者温度设定为变量。

(二)半叶干重法

总光合速率=净光合速率+呼吸速率(总光合速率可用单位面积叶片在单位时间内固定的 CO_2 的量或合成有机物的量来表示)。

实验步骤:

(1)选择同一植株上生长状态良好、发育程度相似的叶片若干,叶片主脉两侧对称。

(2)在叶柄处做特殊处理使筛管的运输能力受阻、导管功能正常,即让叶柄可运输水分、无机盐而不能运输有机物,保证光合作用和呼吸作用能正常进行。

(3)剪取枝条下半部叶片,立即保存于暗处(此叶片简称为暗叶);另一半叶片同主脉保留在枝条上,给予正常光照(此叶片简称光叶)。控制光叶和暗叶所处环境的温度、湿度一致,开始记录时间。

(4)数小时后剪下光叶。从光叶和暗叶上各切取相同大小的叶块,立即烘干至恒重,分别用分析天平称重,将结果记录在数据表中。

(5)总光合速率=干叶重量之和/叶片面积×光照时间。

(三)传感器测定法

在密封的条件下,控制光照,采用氧气和二氧化碳传感器来进行测定。如果是水生植物,则需要用溶解氧传感器进行测定,通过光合作用产物氧气和二氧化碳的浓度来进行光合速率的推算。

(四)光合色素的提取和层析

光合色素又称叶绿体色素,在高等植物中可分为叶绿素和类胡萝卜素两大类,前者包括叶绿素 a(蓝绿色)和叶绿素 b(黄绿色),后者包括胡萝卜素(橙色)和叶黄素(黄色)。它们与类囊体膜上的蛋白质结合形成色素蛋白复合体,不溶于水,易溶于乙醇,因此可用乙醇提取后在汽油层析液中进行滤纸层析(图5-2)。此实验所需试剂非常简单,建议每个同学都尝试一下。

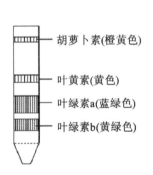

图 5-2 光合色素的纸层析

温馨小贴士

层析是生物化学将物质分离的一种重要方法,此外还有离心、蒸馏等方法。层析的基本原理:在分离过程中,由一种流动相(一种液体或气体)带动着试样经过固定相(一种支持物,如纸、凝胶柱等)向外扩散,由于试样在两相中的溶解度不同和固定相对试样中不同成分的吸附程度有别,当用适当的溶剂推动时,混合物中各成分在两相间具有不同的分配系数,所以它们的移动速度不同,经过一定时间层析后,可使试样中的各种组分得到分离。

四、DNA 的提取与鉴定实验

(一)DNA 的粗提与鉴定

DNA 主要存在于细胞核,在 NaCl 溶液中的溶解度随着 NaCl 溶液浓度的变化而改变。当 NaCl 的物质的量浓度为 0.14 mol/L 时,DNA 的溶解度最低。利用这一原理,可以使溶解在 NaCl 溶液中的 DNA 析出。DNA 遇二苯胺(沸水浴)会染成蓝色,可鉴定 DNA。

实验用品:鸡血细胞液(5~10 mL)、体积分数为 95% 的冷酒精溶液、质量浓度为 0.1 g/mL 的柠檬酸钠溶液、物质的量浓度为 2 mol/L 的 NaCl 溶液、二苯胺。

实验步骤:

(1)提取鸡血细胞的细胞核物质:向新鲜鸡血中加入柠檬酸钠溶液抗凝后,离心,将制备好的鸡血细胞液 5~10 mL 注入 50 mL 烧杯中。向烧杯中加入蒸馏水 20 mL,同时用玻璃棒充分搅拌 5 min,使血细胞加速破裂,用放有 1~2 层纱布的漏斗将血细胞液过滤。

(2)溶解 DNA:取滤液,将 2 mol/L 的 NaCl 溶液 40 mL 加入滤液中,并用玻璃棒沿一个方向搅拌 1 min,使其混合均匀,这时 DNA 在溶液中呈溶解状态。

(3)析出含 DNA 的黏稠物:沿烧杯内壁缓缓加入蒸馏水,同时用玻璃棒不停地轻轻搅拌,这时烧杯中有丝状物出现。继续加入蒸馏水,溶液中出现的黏稠物会越来越多。当黏稠物不再增加时停止加入蒸馏水。

(4)滤取含 DNA 的黏稠物:用放有多层纱布的漏斗过滤步骤(3)中的溶液至 500 mL 的烧杯中,含 DNA 的黏稠物被留在纱布上,将滤液丢弃。

(5)DNA 的鉴定:取 20 mL 的试管,加入 2 mol/L 的 NaCl 溶液 5 mL,将丝状物放入其中,用玻璃棒搅拌,使丝状物溶解。然后向试管中加入 4 mL 的二苯胺试剂。混合均匀后,将试管置于沸水中加热 5 min,待试管冷却后,观察试管中溶液颜色的变化。

(二)SDS 法提取总 DNA

植物各个部位都可用作总 DNA 抽提的材料,常用的材料一般为植物幼叶。其基本原理是先用机械方法使组织和细胞破碎;然后加入十二烷基磺酸钠(SDS)等离子型表面活性剂,溶解细胞膜和核膜蛋白,使细胞膜和核膜破裂;再加入酚和氯仿等表面活性剂,使蛋白质变性;最后加入无水乙醇沉淀 DNA。沉淀的 DNA 即为植物总 DNA,溶于 TE 溶液中保存备用。当然,最简单的办法就是使用试剂盒进行总 DNA 提取。

实验用品:植物幼叶、高速台式离心机、振荡器、水浴箱、1.5 mL 离心管架、玻璃滴管、移液器、研钵、1.5 mL 离心管、2 mL 离心管、烧杯、量筒等。

实验步骤:

(1)取幼叶 5 g 左右放于研钵中,加入少许石英砂,再加入 400 μL 抽提液,将幼叶磨成绿色浆状。

(2)将液体倒入 2 mL 离心管。用约 400 μL 抽提液洗涤研钵,也倒入离心管,将两次抽提液混匀。

(3)置于 56℃水浴中 5 min。

(4)加入适量氯仿,振荡,充分混匀。

(5)14 000 r/min 离心 5 min。取上清液于 1.5 mL 离心管。

(6)加入等体积预冷的无水乙醇,轻轻混匀,静置直到 DNA 析出。

五、药用植物有效成分的提取——青蒿素的提取和鉴定

青蒿素属于倍半萜内酯类,存在于黄花蒿中,黄花蒿在普通中药房就可以买到。最简单的提取方法就是和水研磨黄花蒿榨汁。青蒿素超过 60℃就会变性,因此用熬煮法是不能获得青蒿素的。如果想获得纯度更高的青蒿素,可以使用醚类来进行提取,最常用的是石油醚。青蒿素会溶解在石油醚中,当石油醚挥发掉后,就可以提取到比较纯的青蒿素了。青蒿素的鉴定使用碘化钾溶液和淀粉溶液,青蒿素可以将碘化钾中的碘离子氧化成单质碘,与淀粉反应呈现蓝色。这个实验是不是非常简单?科学家屠呦呦为了找到能够抗疟疾的药物,曾尝试成百上千种中草药和各种各样的提取方法,如同大海捞针一样。屠呦呦就是因为具有严谨的科学精神和持之以恒的毅力,才最终获得了成功。我们也应当从这个实验中学习这种认真的态度和坚毅的精神。

六、酶的性质

(一)比较过氧化氢在不同条件下的分解

通过比较过氧化氢在不同条件下分解的快慢,了解过氧化氢酶的作用和意义。

实验用品:新鲜肝脏研磨液(有较多的过氧化氢酶)、体积分数为 3% 的过氧化氢溶液(药店卖的过氧化氢消毒水即可)、质量分数为 3.5% 的 $FeCl_3$ 溶液、大烧杯、三脚架、石棉网、量筒、试管、滴管、试管架、卫生香、火柴、酒精灯、试管夹、温度计。

实验步骤：

(1)取 4 支试管,分别编上序号(1～4 号)。向各试管内分别加入 2 mL 过氧化氢溶液,按序号依次放置在试管架上。

(2)将 2 号试管放在 90℃左右的水浴中加热,观察气泡冒出的情况,并与 1 号试管做比较。

(3)向 3 号试管内滴入 2 滴 $FeCl_3$ 溶液,向 4 号试管内滴入 2 滴肝脏研磨液(表 5-1),仔细观察哪支试管产生的气泡多。

(4)1 min 后,将点燃的卫生香分别放入 3 号和 4 号试管内液面的上方,观察哪支试管中的卫生香燃烧猛烈。

表 5-1　比较过氧化氢在不同条件下的分解实验组别

步骤	试管编号			
	1	2	3	4
过氧化氢溶液	2 mL	2 mL	2 mL	2 mL
温度	常温	90℃	常温	常温
$FeCl_3$ 溶液	—	—	2 滴	—
肝脏研磨液	—	—	—	2 滴

(二)外界条件影响淀粉酶的活性

课本上的实验使用植物淀粉酶,我们在家中可以简化为唾液淀粉酶,收集一些唾液,准备酸性条件(高度白醋)、碱性条件(食用碱)、质量分数为 3% 的淀粉溶液、碘酒、沸水浴、冰水浴、几只试管即可。将唾液分别放置于正常条件、酸、碱、冷、热的环境中 5 min 左右,再滴加淀粉溶液 1 mL,反应 2 min,滴加碘酒,观察是否显蓝色,以此来判断酶是否将淀粉有效分解。如果没有分解,则证明此条件干扰了酶的活性。

思考:洗衣产品中经常标明添加了蛋白酶、脂肪酶等去除各种污渍的酶类,在什么温度条件下洗衣,能将酶的效力发挥到最大呢? 可以自己设计一个小实验来探究。

七、血液的化学组成和生物体维持 pH 稳定的机制

(一)血液的成分

将从正常人体内抽出的血液或者宰杀动物获得的血液,放入盛有抗凝剂的

试管中混匀后,经离心沉降,会分
为两层:上层淡黄色透明液体是
血浆,下层是血细胞。血细胞层
中最上面一薄层为白细胞和血小
板,其下呈红色,为红细胞(图
5-3)。血细胞在血液中所占的体
积分数叫作血细胞比容。健康成
人的红细胞比容为 40%~50%。
如果把从血管内抽出的血液放入

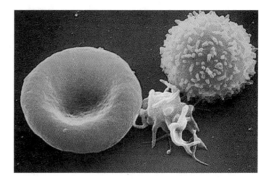

图 5-3　红细胞(左)、血小板(中)和白细胞(右)

不加抗凝剂的试管中,几分钟后血液就会凝固成血凝块。血凝块收缩,析出的
淡黄色半透明液体,称为血清。

温馨小贴士

　　血液的妙用:当家中宰杀动物的时候,可以将血液收集起来,这是做生
物实验的好材料。正常血液为红色黏稠液体,由血浆和血细胞两部分组成。
血细胞包括红细胞、白细胞和血小板。血浆中溶解有多种化学物质。按体
积计算,血浆约占 55%,血细胞(主要是红细胞)约占 45%。加入柠檬酸钠
溶液防止血凝,然后静置几个小时,血液就会分层。上层的血浆可以做缓冲
实验或者血浆成分分析使用,下层的血细胞可以做血影实验、血细胞计数实
验等显微操作实验。此外,使用血细胞还可以提取 DNA 等等。

(二)生物体维持 pH 稳定的机制

　　代谢会产生一些酸性或碱性物质,这些酸性或碱性物质进入内环境,常会
影响 pH。生物为了维持内环境的稳态,体液中存在缓冲系统,可以抵抗酸碱的
影响。本实验采用对比的方法,说明人体内液体环境与缓冲液相似而不同于非
缓冲液如自来水等,从而说明生物体维持 pH 相对稳定的机制。

实验步骤:

　　(1)准备两种生物材料(血浆、土豆研磨液)、自来水、pH=7 的磷酸缓冲液,
每组 25 mL。

　　(2)分别滴加 0.1 mol/L 的盐酸或 0.1 mol/L 的 NaOH 溶液。每次加 1 滴
酸碱溶液,然后轻轻摇动,加入 5 滴后再使用电子 pH 计测 pH。重复这一步骤
直到加入 30 滴为止。

(3)将 pH 测定结果记入表 5-2 中。

表 5-2　实验数据记录表

组别	加入不同数量液滴后的 pH													
	加入 0.1 mol/L 的盐酸							加入 0.1 mol/L 的 NaOH 溶液						
	0	5	10	15	20	25	30	0	5	10	15	20	25	30
自来水														
缓冲液														
生物材料 1														
生物材料 2														

(三)血影实验和血细胞计数实验

血细胞是具有一定渗透压的。不同生物的渗透压不同,一般来说水生生物的渗透压较低,陆生生物的渗透压较高。血细胞的渗透压一旦发生改变,就会造成脱水或者溶血等严重的疾病。红细胞的等渗溶液是 0.9% 的 NaCl 溶液,在显微镜下折光率高,呈现透明光亮的状态;加入蒸馏水会使其吸水胀破,折光率变低,呈现暗淡的"血影"。

实验用品:血细胞计数器、弹簧采血针、一次性针头、蒸馏水、滴管、吸水纸、载玻片、盖玻片、显微镜、创可贴、灭菌棉棒、碘附。

实验步骤:

(1)安装针头,用碘附消毒皮肤,采指尖血。

(2)制作两个血液涂片,一个滴加生理盐水,一个滴加蒸馏水,分别用显微镜来观察红细胞的状态。

(3)操作熟练后,可用血细胞计数器来观察红细胞随滴加蒸馏水的破裂比例。

八、食物热量的计算和营养食谱的构建

如果你学习了生物化学知识,就应当了解到,我们人体所需的热量主要是通过有氧呼吸得来的。每种营养物质比如糖类、蛋白质、脂肪经过有氧呼吸后,所释放的热量都不相同。当身体所吸收的热量没有被利用,那就会变成脂肪,人随之发胖。现代社会人们大都摄取的热量过多,而运动减少,因此肥胖成为一种社会性疾病。减肥需要根据自身基础代谢率和每日的消耗量来构建食谱。基础代谢率是指人体维持心跳、呼吸等基本生理活动所消耗的热量。基础代谢

率一般与年龄有关,年龄越大,基础代谢率越低,此外也与肌肉含量成正相关。网络上有基础代谢计算器,我们可以输入自己的年龄、体重等数据查询。想减肥的话就应当牢记:每天所摄入的热量<基础代谢率+运动消耗热量。一般来说,成年男性每天不应摄入超过 2400 卡热量,女性不应该超过 1800 卡。

确定好自己的基础代谢率,安排好每天的 60 min 运动后,就可以设计食谱了。

食谱设计原则:早、中、晚三餐都应该有等量的淀粉类、蛋白类、果蔬类,尽量避免油炸的烹调方式。

按照张老师的基础代谢率 1800 千卡,每天有氧运动 60 min 消耗 250 千卡,那么每日所需的热量不可以超过 2000 千卡。早餐:吐司一块(70)、低脂牛奶一盒(120)、香蕉一个(80),共 270 千卡。午餐:白饭一碗(316)、素菜一份(30)、肉菜一份,尽量避免猪肉(200),共约 550 千卡。晚餐:馒头一个(270)、素菜 200 g(80)、鸡蛋一个(86),控制在 500 千卡以内。每日一共摄取 1400 千卡热量,小于 2000 千卡。张老师坚持了 3 个月,成功减肥 5 kg。如果后期维持的话,三餐间可以加两次零食,一次坚果 50 g,一次水果 100 g,就可以维持当前的体重。同学们,看起来减肥并不是很难吧? 千万不要相信任何药物减肥、速效减肥、生酮减肥等,因为我们人体的甲状腺激素和胰岛素分泌与热量代谢有关,突然减少大量热量,会引起内分泌紊乱。减肥的效果不是朝夕可见的,良好的饮食习惯与合理的休息与运动才是减肥的"王道"。

九、化妆品的重金属和激素检测

爱美之心,人皆有之。我们每个人都希望自己拥有光滑的皮肤、柔顺的头发,因此各种各样的化妆品诞生了,化妆品接触性皮炎也出现了。重金属汞、铅和荧光剂都有美白作用,因此一些美白产品会添加这些成分,长期大量使用会毒害我们的身体。抗生素和皮质激素等有消炎、去水肿的作用,一些镇定、祛痘产品中就会添加,长期使用会使内分泌失调,影响身体健康。

实验步骤:

(1)取样进行稀释:不同的产品稀释倍数不同,一般乳液稀释 5 倍,膏体稀释 10 倍,水剂类无须稀释。

(2)检测和结果观察:使用相应的试纸卡,将稀释后的样品加入样孔,根据显示的颜色对照比色表。

(3)用黑光灯在黑暗的环境下观察产品,看是否发出紫光。

十、精神药物和新型毒品

提起毒品，你可能会想起鸦片，曾经的鸦片战争带给中华民族太多苦难。1919年，日本一位化学家首次合成了甲基苯丙胺（后来被称为冰毒）。在"二战"期间，日军士兵将甲基苯丙胺作为抗疲劳剂使用。"二战"后，日本将库存的苯丙胺类药物投放市场，造成20世纪50年代的首次滥用大流行。20世纪90年代后，冰毒、摇头丸等被滥用，严重危害青少年。新型毒品的品种也在不断增多。

根据新型毒品的毒理学性质，可以将其分为四类。

第一类以中枢兴奋作用为主，代表物质是包括甲基苯丙胺在内的苯丙胺类兴奋剂。

第二类是致幻剂，代表物质有麦角乙二胺（LSD）、麦司卡林和分离性麻醉剂（苯环利定和氯胺酮）。

第三类兼具兴奋和致幻作用，代表物质是亚甲二氧基甲基双氧安非他明（MDMA，即摇头丸）。

第四类是以中枢抑制作用为主的物质，包括三唑仑、氟硝西泮和 γ-羟丁酸等。

> **温馨小贴士**
>
> 《易制毒化学品管理条例》列出的三类化学品：
>
> 第一类：1-苯基-2-丙酮，3,4-亚甲基二氧苯基-2-丙酮，胡椒醛，黄樟素，黄樟油，异黄樟素，N-乙酰邻氨基苯酸，邻氨基苯甲酸，麦角酸*，麦角胺*，麦角新碱*，麻黄素、伪麻黄素、消旋麻黄素、去甲麻黄素、甲基麻黄素、麻黄浸膏、麻黄浸膏粉等麻黄素类物质*。
>
> 第二类：苯乙酸、醋酸酐、三氯甲烷、乙醚、哌啶。
>
> 第三类：甲苯、丙酮、甲基乙基酮、高锰酸钾、硫酸、盐酸。
>
> 说明：
>
> (1)第一类、第二类所列物质可能存在的盐类，也纳入管制。
>
> (2)带有 * 标记的品种为第一类中的药品类易制毒化学品，第一类中的药品类易制毒化学品包括原料药及其单方制剂。

(1)学校组织学生参观戒毒所，听一听医生的告诫和吸毒人员的经历。你身边有没有因毒品而家破人亡的案例？如果有的话，与同学交流一下。我们应当怎样避免接触毒品？如果接触毒品，又该如何处理呢？

(2)学校组织学生听一次缉毒警察的报告，感悟缉毒警察的英雄事迹。

第六章　有个罐头瓶就能做的微生物实验

　　微生物学是生物学的分支学科之一。它是在分子、细胞或群体水平上研究各类微小生物(细菌、放线菌、真菌、病毒、立克次氏体、支原体、衣原体等等)的形态结构、生长繁殖、生理代谢、遗传变异、生态分布和分类进化等的基本规律，并将其应用于工业发酵、医学卫生和生物工程等领域的科学。基因工程、细胞工程、酶工程及发酵工程就是在微生物学原理与技术的基础上形成和发展起来的。

　　到目前为止，微生物学发展史分为五个阶段。第一阶段：经验阶段。我国两千年前发明了制酱技术；殷商时代的甲骨文中刻有"酒"字，当时就有酿酒工艺。1796年，英国人詹纳发明了牛痘苗。第二阶段：形态学阶段。从17世纪开始，荷兰人列文虎克用自制的只能放大160～260倍的显微镜观察雨水、井水、牙垢和植物浸液后，发现其中有许多运动着的"微小动物"。意大利植物学家米凯利也用显微镜观察到真菌的形态。1838年，德国动物学家埃伦贝格在《纤毛虫是真正的有机体》一书中，把细菌界定为纤毛虫的科，并创用bacteria(细菌)一词。1854年，德国植物学家科恩又将细菌归于植物界，从此确定了细菌的分类地位。第三阶段：生理学阶段。19世纪60年代，法国科学家巴斯德论证酒和醋的酿造以及一些物质的腐败都是由一定种类的微生物引起的发酵过程，著名的曲颈瓶实验证实了这一点。巴斯德为现代微生物学奠定了基础，被后人称为"微生物学之父"。正在这一时期，英国、俄国的科学家也从事现代微生物学研究。在这一阶段中，微生物操作技术和研究方法的创立是微生物学发展的特有标志。这是令微生物学真正被称为一门学科的重要阶段。第四阶段：生物化学阶段。20世纪以来，生物化学和生物物理学向微生物学渗透，再加上电子显微镜的发明和同位素示踪技术的应用，推动了微生物学向生物化学阶段的发展。这一阶段的主要标志是抗生素的使用。1928年，苏格兰科学家弗莱明发现青霉菌能抑制葡萄球菌的生长，揭示了微生物间的拮抗关系。此后新发现的抗生素越来越多，帮助人类打败了许多疾病。第五阶段：分子生物学阶段。20世纪40年代，分子生物学从微生物学中诞生。1941年，比德尔和塔特姆用X射线和紫外线照射获得营养缺陷型链孢霉。1944年,埃弗里第一次证实了引起肺炎球菌形成荚膜遗传性状转化的物质是脱氧核糖核酸(DNA)。1953年,沃森和克里克提出了DNA分子的双螺旋结构模型;在此基础上,1958年,梅塞森和斯塔尔通过实验证实了DNA半保留复制机制。富兰克林等通过烟草花叶病毒重组实验,证明核糖核酸(RNA)是遗传信息的载体,为奠定分子生物学基础发挥了重要作用。

　　本书的微生物实验也是按照这五个发展阶段来设计的,由简单到复杂,由宏观到微观。准备几个密封的罐头瓶就可以满足我们绝大部分的实验需求,是不是很神奇? 赶快加入张老师的奇妙微生物实验之旅吧!

温馨小贴士

　　由于许多微生物是致病的,甚至是致命的,所以随意进行微生物实验具有一定的危险。实验室是有生物安全水平的。世界通用生物安全水平标准是由美国疾病控制中心(CDC)和美国国立卫生研究院(NIH)建立的。根据操作不同危险度等级微生物所需的实验室设计特点、建筑构造、防护设施、仪器、操作以及操作程序,实验室的生物安全水平可以分为一级(基础实验室)、二级(基础实验室)、三级(防护实验室)和四级(最高防护实验室)。同学们可以自行操作的微生物实验,仅限于不致病的酵母、乳酸菌等食品级微生物。当然为了防止在实验过程中交叉感染,我们仍然需要防护口罩、防护目镜、防护衣的防护和严格的消毒程序。废弃的菌种和培养基属于医疗级有毒有害垃圾,需要定点焚毁。

第一部分　经验阶段

　　这一阶段主要利用微生物发酵食物,比如酸奶的制作、泡菜的制作、毛豆腐的制作和酒类的发酵。

　　从游牧民族的酸奶酪到王公贵族的美酒,从日常生活的酱、醋和泡菜到医生处方中的药物,都能看到微生物的身影。经验阶段的微生物实验,最常用到的装备就是干净的罐头瓶。

一、酸奶的发酵

酸奶的发酵使用的是乳酸菌,它们属于细菌界 Bacillota 门芽孢杆菌纲乳杆菌目,常见的有乳球菌(图 6-1-1)、乳杆菌、链球菌等。有的乳酸菌是益生菌,能改善人类肠道微生态的平衡,因而得名。乳酸菌分布广泛,通常存在于肉、乳和蔬菜等食品及其制品中。此外,乳酸菌也广泛存在于畜、禽肠道及少数临床样品中。其中,在人类和其他哺乳动物的口腔、肠道等环境中的乳酸菌,是构成特定区域正常微生物菌群的重要成员。

图 6-1-1　乳酸乳球菌

实验用品:800~1000 mL 纯牛奶、1 g 乳酸菌粉、白糖或果酱等调味品。

实验步骤:

(1)牛奶及菌粉要提前从冰箱取出恢复至室温;酸奶机内胆用开水充分冲烫消毒;最好准备消毒过的小罐头瓶分装,防止一次吃不完,酸奶受到污染。

(2)加入 800~1000 mL 纯牛奶,加入 1 g 乳酸菌粉,轻轻搅匀。

(3)放入酸奶机中恒温发酵 6~10 h,待观察到牛奶凝固即可。

酸奶机的温度一般设定为 40℃左右。做好的酸奶可立即食用,也可放入冰箱冷藏数小时经过后熟的过程。食用时也可根据个人喜好加入白砂糖或其他果酱调味。

二、泡菜的制作

泡菜的制作使用的同样是乳酸菌发酵。

实验用品:蔬菜、姜、干辣椒、花椒、凉开水、盐、泡菜菌粉。

实验步骤:

(1)蔬菜洗净切好,用盐腌制一夜。挤出蔬菜中的水分,晾至表面不再渗水,这一步可以清除蔬菜上的农药残留和杀灭有害细菌。将准备好的泡菜瓶子洗净、沥干水,最好用开水烫一遍,完全晾干。

(2)将蔬菜紧紧塞入瓶中,调制卤水,加凉开水、盐、胡椒、干红椒、姜片。佐料应当用干净纱布包好,放入泡菜瓶中,拧紧瓶盖密封腌制(图 6-1-2)。如果喜

图 6-1-2　泡菜

欢吃酱菜,可以适当加老抽增色,并且增加酱香。可以投放一定量的陈年泡菜水,增加乳酸菌,也可以直接投放泡菜菌粉。

(3)冬季大约腌制 20 d。

(4)随吃随取,用干净的筷子取出后,继续密封储藏。

注意事项:

(1)制备泡菜前要清洗双手,制作环境要卫生、干净、阴凉,避免阳光直射和潮湿的环境。

(2)盛放泡菜的容器要密闭,不易渗漏,营造有利于乳酸菌发酵的厌氧环境。制作泡菜前要用热水烫过容器。容器内壁一定不要有油。

(3)泡菜发酵过程中不要随便打开容器,减少泡菜与外界接触,以免受到空气中微生物的污染。发酵好的泡菜清香、酸脆;如果发现发酵后的泡菜软烂或有发霉的味道,则是污染了杂菌,勿再食用。

三、毛豆腐的制作

毛霉(白霉)属于真菌界毛霉门毛霉目毛霉属,是生产毛豆腐的主要菌种。毛霉能分泌蛋白酶,将蛋白质分解成氨基酸和多肽,增加风味。

实验用品:豆腐、毛霉菌粉。

实验步骤:

(1)将豆腐蒸一下,凉透。

(2)把豆腐切成大小一致的块状。

(3)把毛霉菌粉倒入碗里,静置一会儿。

(4)把毛霉菌液倒入装豆腐的容器中,让其充分混合。

(5)混合好后,豆腐裹上了一层毛霉。把其放在蒸锅架上,整齐摆放好,等待发酵。

(6)豆腐长出白毛后,毛豆腐就做成了。可以油炸吃,也可以用卤水封存在灭菌罐头瓶中做成豆腐乳。

四、葡萄酒的制作和蒸馏以及葡萄醋的酿制

葡萄酒的制作菌种为酵母菌。酵母菌包括真菌界子囊菌门和担子菌门的

物种,在酿酒、制药、生产单细胞蛋白和遗传工程中有着重要应用。常见的如酿酒酵母(图6-1-3)。

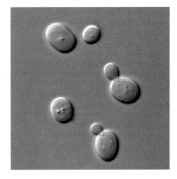

图 6-1-3 酿酒酵母

实验用品: 紫葡萄 2500 g(赤霞珠最好)、白糖 300 g、酿酒酵母、盐 10 g、面粉 100 g。

实验步骤:

(1)将有破损的葡萄剔除。

(2)把葡萄放进一个大些的盆里,加入清水和适量面粉,用手顺着一个方向搅拌清洗。

(3)洗净灰尘的葡萄再用淡盐水浸泡 15 min,清除表面残留农药。

(4)把葡萄放于阴凉通风处晾干表面水分。

(5)准备好白糖,一个无油、无水的干净密封玻璃瓶及一个大的空盆。将葡萄倒入盆里,加入白糖,搅匀。用勺子压破或直接用手抓破葡萄。

(6)将葡萄装入玻璃罐,投入酿酒酵母。封口,定期放气,如果不放气的话,会有炸裂危险。可以在密封罐上钻一个眼,安装一根水密封放气管,就可以一劳永逸了。

(7)在 25～30℃的室温里发酵一个月左右。

(8)发酵了一个月左右,葡萄皮全部漂在表面,用消过毒的细纱布过滤葡萄酒。

(9)将过滤好的葡萄酒再次装回原来的罐子里,密封好,进行二次发酵,三个月后就可以饮用了。

如果想制作白兰地的话,就需要把葡萄酒进行蒸馏,可使用之前蒸馏花水的蒸馏器进行蒸馏。由于发酵会产生一定量的甲醇,所以前十几分钟的蒸馏产物不要收集(甲醇沸点低,会最先蒸馏出来)。当蒸馏到无酒精味道的时候,就可以停止了,获得的蒸馏酒就是白兰地。

如果想制作葡萄醋的话,就可以在抓碎葡萄后,投放醋酸菌。无需将容器密封,留一些缝隙,使醋酸菌进行呼吸,就可以产生醋酸了。葡萄醋的保健功能远远超过葡萄酒,有软化心脑血管、降血压、润肠通便的作用。

五、米酒的制作

甜酒曲中起主要作用的是根霉(图6-1-4)。根霉属是真菌界毛霉门毛霉目毛霉科的一属,能产生糖化酶,将淀粉水解为葡萄糖。

实验用品：糯米、蒸锅、甜酒曲、米酒机、消毒过的罐头瓶。

实验步骤：

（1）浸泡：将糯米洗净，放入干净无油的盆中，加入清水浸泡 2～24 h。

（2）煮制：用笼屉装米，放入蒸锅中隔水蒸，上汽后小火 10 min 关火。

（3）放凉：将蒸熟后的糯米倒入干净无油的盆中，让米自然凉透。

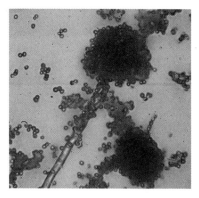

图 6-1-4　根霉

（4）加曲：另外准备一小碗温水，将甜酒曲放入拌匀，在米中间挖一个小洞，倒入小洞中。喜欢喝米酒就可以多放水，喜欢吃醪糟就可以少放水。

（5）发酵：将米放入米酒机中，48 h 后就可以出酒了。

六、纳豆的制作

图 6-1-5　纳豆

纳豆（图 6-1-5）起源于我国的豆豉，风靡日本和东南亚。纳豆由黄豆通过枯草芽孢杆菌发酵，制成后具有黏性。纳豆富含维生素、钙、镁、铁等。

实验用品：黄豆、纳豆机、蒸锅、枯草芽孢杆菌。

实验步骤：

（1）清洗、浸泡：取黄豆约 100 g，用清水洗净，放入纳豆机浸泡 12 h。

（2）蒸煮：把浸泡好的黄豆放入锅中，倒入适量的清水，大火煮 5 min，再小火煮 30 min，晾凉。

（3）接种：打开一粒纳豆菌胶囊，用少量温水溶解，倒入纳豆机，搅拌均匀。

（4）发酵：开始发酵，约 24 h 后，产生大量黏黏的菌丝就可以了。

（5）存储与后熟：制作好纳豆后应当小包装保存，一次打开一包，如果吃不完，可以放在冰箱冷冻保存。

七、了解豆豉和酱类发酵

豆豉、豆酱和酱油的发酵主要靠霉菌,如毛霉、曲霉和根霉,但是发酵时会受到黄曲霉(图 6-1-6)的污染。黄曲霉素有毒并且致癌。酱油发酵料中的有益菌主要是醋酸杆菌和乳酸菌等,有害菌为芽孢杆菌、粪链球菌、短杆菌和小球菌等。因此这类复杂的发酵产品最好不要自己在家制作,如果黄曲霉或其他有害菌超标,甚至可致命。

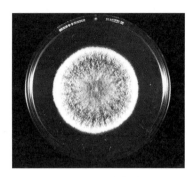

图 6-1-6　黄曲霉

第二部分　形态学阶段

在显微镜被发明后,人们可以进一步观察微生物的形态。大部分微生物必须经过一系列染色才能被观察到。在基础教育阶段,我们还是选择一些较为安全的菌种进行观察,可充分利用经验阶段微生物实验的菌种。例如制作好酸奶、纳豆之后,就可以用显微镜观察菌种了。菌种的观察最好选在对数期,也就是菌种生长最好的时期。之后的第三至第五阶段的微生物实验中,也应当选取对数期的菌种。

温馨小贴士

如何选取生长对数期的菌种?

对数期又称指数期,处于此时期的微生物细胞数目或生物量呈指数增长。对数期可持续几小时至几天不等(视培养条件及细菌代时而异)。此时期微生物的形态、染色、生物活性都很典型,对外界环境因素敏感,因此研究细菌性状以此时期最好,抗生素作用对此时期的细菌效果最佳。测量对数期有很多方法,比如血细胞计数法或者光密度(OD)法。我们一般通过培养时间来估计:细菌比如大肠杆菌、乳酸菌等,培养时间在 8~12 h 为对数期;酵母类真菌,一般培养 50 h 为对数期。

一、酵母菌的显微观察

用 5000 r/min 的转速离心酵母培养液,使用无菌水混匀酵母。取亚甲蓝染液 1 滴,滴在载玻片中央,用接种环取酵母菌悬液与染色液混匀,染色 2～3 min。盖上盖玻片,在显微镜下观察酵母菌形态,区分母细胞与芽体,区分死细胞(蓝色)与活细胞(不着色)。在一个视野里计数死细胞和活细胞,共计数 5～6 个视野。

酵母菌死亡率一般用下式来计算:死亡率＝死细胞总数/细胞总数×100％。

二、乳酸菌或枯草芽孢杆菌的革兰氏染色和显微观察

乳酸菌和枯草芽孢杆菌都属于革兰氏阳性菌。

实验步骤:

(1)稀释酸奶或纳豆发酵液,用 10 000 r/min 的转速离心,获得乳酸菌或枯草芽孢杆菌的沉淀,再用无菌水混匀。

(2)涂片:取灭过菌的载玻片于超净实验台上,用移液器吸取 10 μL 待检样品滴在载玻片的中央,用灭菌冷却后的接种环将液滴涂布成均匀的薄层。

(3)干燥、固定:将标本面向上,手持载玻片尾端在酒精灯上微微加热,使水分蒸发,但勿紧靠火焰或加热时间过长,以防标本烤坏变形。加热温度不超过 60℃。

(4)初染:在涂片薄膜上滴加草酸铵结晶紫 1～2 滴,使染色液覆盖标本区域,染色约 1 min。斜置载玻片,用小股无菌水冲洗,直至无浮色。

(5)媒染:用移液器吸取约 300 μL 碘液滴在涂片上,染色约 1 min 后,用无菌水洗。

(6)脱色:斜置载玻片,滴加 95％酒精脱色至无浮色(需 20～30 s),随即水洗。

(7)复染:在涂片薄膜上滴加沙黄染液 1～2 滴,染色约 1 min,之后水洗。

(8)干燥、观察:待标本自然风干后置于显微镜下。先用低倍镜观察,发现目标后滴 1 滴油在玻片上,用高倍镜观察细菌的形态、颜色。紫色的是革兰氏阳性菌,红色的是革兰氏阴性菌。

温馨小贴士

　　梯度密度稀释法:为了保证液体稀释后浓度的准确性,需要将待稀释的液体进行逐级稀释。比如需要稀释 1000 倍,那么就需要 3 次 10 倍稀释。一般来说,移液器比容量瓶精准,容量瓶比量筒精准,量筒比滴管精准。量取的液体体积越小,所需精度越高。如果家中没有这些设备,那么就准备几个不同容量的无菌针管来替代吧,足够做基础生物实验了。

三、尝试培养各种霉菌并进行显微观察

　　用常见的食物培养各种霉菌。青霉一般生长在腐烂的橘皮上;毛霉喜欢生长在豆腐上;黄曲霉生长在变质花生表面;根霉是酿造米酒的曲,可以用富含淀粉的培养基培养。由于霉菌一般都是含有色素的,所以我们可以很方便地用显微镜观察,无须进行染色。

四、尝试种植并且观察各种食用菌

　　可以购买大型食用菌菌包,在家里种植食用菌并全程观察。在家种植食用菌要注意营造适宜的环境,例如,蘑菇的种植需要潮湿、干净、阴凉且通风的环境,切忌闷热。等到蘑菇生长出子实体后,可制作切片,观察菌丝的形态、孢子等等。

(一)制作蘑菇的孢子印

　　蘑菇属于真菌界担子菌门,是世界上人工栽培较广泛、消费量较大、产量较高的食用菌。蘑菇的生活史分菌丝体阶段和子实体阶段,子实体也就是菇体。蘑菇的种类有很多,有白菇、平菇、红菇、香菇等等,味道鲜美,营养丰富。我们可以用蘑菇进行切片观察,还可以用蘑菇制作孢子印。

　　真菌以孢子扩散的方式进行繁殖,一个子实体可以散发出数以亿计的孢子。孢子成熟后便会离开子实体,扩散到外界。孢子印是帮助人们识别真菌种类的一个重要依据。通常,亲缘关系较近的真菌的孢子印比较相似。制作孢子印时,凡是孢子颜色为白色或乳白色的,要选用黑色卡纸作衬底;如果孢子颜色为黑色或棕色,要选用白色卡纸作衬底。此外,还有红色、紫色和褐色的类型孢子,都要选择能清晰衬出孢子印的卡纸。

　　实验用品:黑色和白色的卡纸各一张,有菌褶的新鲜香菇、白菇、红菇等,玻

璃罩或碗,小刀。

实验步骤:

(1)取新鲜的香菇,用小刀将菌柄切掉,将菌盖有菌褶(图6-2-1)的一面轻轻放置在卡纸上。在菌盖表面滴上一些水保持湿润。用玻璃碗罩住菌盖,静置数个小时或过夜。

(2)小心地拿走罩在菌盖上面的玻璃碗,移除菌盖,则可以看见留在纸上的孢子印。孢子印越厚,越容易看出孢子颜色。黑白两色的卡纸可以帮助我

图 6-2-1　香菇菌褶

们更清楚地展现孢子印的形状。还可以利用孢子印进行艺术加工,创作一幅孢子画。

温馨小贴士

每到春夏季节,雨水比较丰沛,树林、草丛中就会涌现许多野蘑菇。千万不要自行采摘野蘑菇食用,因为有些蘑菇是含有致命毒素的,并且没有特效药物解毒。给大家推荐一个可以识别蘑菇的手机 App——Mushrooms app,可以识别几百种蘑菇等大型真菌种类。

(二)观察木耳切片的显微结构

木耳属于担子菌门伞菌纲木耳目木耳科木耳属。木耳菌丝体由无色透明、具有横隔和分枝的管状菌丝组成。菌丝在基质中吸收养料,在树皮下形成扇状菌丝体。木耳子实体薄、有弹性、胶质、半透明,常常呈耳状或环状,渐变为叶状。基部狭窄成耳根,表面直径一般 4～10 cm,大的可达 12 cm 以上。干后强烈收缩,上表面子实层变为深褐色至近黑色,下表面呈灰褐色,布满极短的绒毛。

由于木耳本身是黑色的,所以无须染色即可观察。最好采购新鲜木耳子实体,用两片刀片夹纸的方法切片,制作切片,在显微镜下观察担孢子、胶质和菌丝。

(三)职业模拟:当个肩扛扶贫任务的村干部

冬虫夏草是子囊菌门粪壳菌纲肉座菌目线虫草科真菌虫草菌寄生在鳞翅目蝙蝠蛾科昆虫幼虫上的子座及幼虫尸体干燥后的复合体。夏季,子囊将子囊

孢子射出后,孢子生出芽管,穿入寄主幼体内生长。染菌后的幼虫钻入土中,冬季形成菌核,菌体吸收了幼虫的内部器官,但幼虫的表皮仍完整无损。第二年夏季,从幼虫尸体的前端生出子座,形状像草。冬虫夏草被误认为是滋补保健的佳品,炒作后价格不菲。近年来,盗挖冬虫夏草导致草原生态恶化,水土流失的情况严重。我国科学家已经研发出冬虫夏草的人工驯化培养技术。冬虫夏草属中药材,不属于药食两用食物,在无医生处方的情况下,不可以随便食用,以免产生副作用,导致中毒。

本实验的模拟任务是你被调到了藏区一个贫穷的村子当村干部,负责带领全村致富。该村子的土特产就是冬虫夏草(或者别的珍稀中草药),但是多年无序的滥挖滥采破坏了草原的生态,冬虫夏草的资源枯竭,不法分子开始造假。你的任务是开发冬虫夏草的养殖技术,研发高附加值、深度制作产品,建立质量监督规则和品牌效应,完善产品的营销渠道,促进相关旅游业的发展,模拟立项、引资、招标的整个流程。

(1)菌种管理。冬虫夏草的栽培要有优良的菌种:早熟、高产,以缩短生产周期,降低成本;感染力强,接种成活率达 95％以上,能迅速感染并致死昆虫;抗性强、适应力好,以适应环境变化,抵抗杂菌污染。

(2)昆虫管理。虫草菌寄生的蝙蝠蛾幼虫必须是生命力强、个头肥大、无其他病害的个体。一般每平方米饲养箱需幼虫 1 kg、母种 1 支、细沙土 50 kg。可安排几户农家,专门进行蝙蝠蛾幼虫的养殖,按照定价保护采购,后期按照比例进行红利分成。

(3)栽培管理。

①瓶栽:将普通罐头瓶洗净后,在瓶内先垫一层 2.5～3 cm 厚的细沙土,土质含水量为 60％。然后将感染菌液的幼虫放在上面,每瓶放 2 只为宜。要求 2 只幼虫不要靠拢,腹面向下,上面再盖 3 cm 厚的细沙土,稍压平表面。为了保持湿润,再用塑料薄膜封口,放在适宜的温度下进行管理,避免阳光直射。此项可作为旅游农家乐项目推广,让游客自制虫草瓶。

②箱栽:可利用不同尺寸的木箱进行栽培,木箱底部和四周要有塑料薄膜,防止水分散失。先铺 5～7 cm 厚的细沙土,再均匀地放入菌虫,相隔 2～3 cm 放一条虫草苗,上面再盖 3～5 cm 厚沙土,用塑料薄膜覆盖表面,注意保湿。

③野外投养:模拟虫草的野生生长环境,有利于获得质优的冬虫夏草,也有助于恢复野外冬虫夏草种群。

第三部分　生理学阶段

　　19世纪60年代,法国科学家巴斯德奠定了微生物学的基础。英国医生李斯特据此提出了外科消毒法,拯救了无数人的生命。我们阅读《微生物学之父:巴斯德》(吉林人民出版社,2011)这本传记后,可以了解到巴斯德的生命事迹。巴斯德1822年出生,家境贫寒,但他是一个不肯向现实低头的人。中学毕业后,巴斯德以优异的成绩考入贝桑松皇家学院并取得学士学位,之后进入法国高等师范大学,毕业后在斯特拉斯堡大学教授化学。对酒石酸盐晶体的研究成功后,他便一举成名。1865年,巴斯德前往法国南部的蚕业灾区阿莱斯拯救了蚕丝业,开创了微生物学。之后他又发明了狂犬病疫苗,拯救了许多人的生命。

　　本阶段的实验我们将再现巴斯德的几个著名实验。张老师建议学校组织同学们进行巴斯德生平话剧表演,其人可谓是现代科学的德育典范。

一、否定微生物自然发生说——模拟鹅颈烧瓶实验

　　食品在空气中放久了就会腐烂,是因为微生物的作用。这些微生物从何而来? 巴斯德所处年代有一种观点叫自然发生说:微生物是食品和溶液中的有机物质生成的。而巴斯德反对该假说,并猜想在腐烂物上出现的微生物也存在于空气中,如果食品经无菌处理且保持隔离状态,就不应该变质。他设计了一个鹅颈烧瓶(图6-3-1),瓶上有一个弯曲的长管与外界空气相通。将瓶内的溶液加热至沸点,冷却后,空气可以重新进入,但因为有向下弯曲的长管,空气中的尘埃

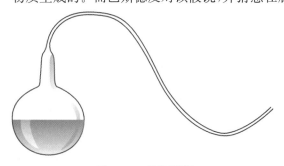

图6-3-1　鹅颈烧瓶

和微生物不能与溶液接触,溶液保持无菌状态,可以较长时间不腐败。如果瓶颈破裂,溶液就会很快腐败变质,并有大量的微生物出现。

实验步骤:

(1)罐头瓶中装有牛肉和肉汤:一罐用双层灭菌报纸密封后放入72℃恒温

箱 15 min 后取出；一罐不做任何处理，敞口放在实验架上。一周后，观察两罐肉汤的状态。

（2）思考：如果我们想更长时间地保存牛肉罐头，应当怎样操作？再准备一罐牛肉，用高压锅蒸 15 min，然后趁热盖好灭菌过的罐头盖子，一两年内，牛肉都不会腐败。

二、从酵母菌的发酵到酶的发现

1857 年，巴斯德提出酒精发酵是酵母活细胞活动的结果。1896 年，德国巴克纳兄弟却在研究酵母时发现，酵母的无细胞抽提液也能将糖发酵成酒精。这种能发酵的蛋白质被称为酒化酶（eymase），说明了发酵来自细胞中的某种物质而非细胞本身。巴克纳兄弟因此获得了诺贝尔化学奖。从此人们热衷对酶的分离和理化性质的探讨，一个崭新的学科——酶学从微生物学中诞生出来。科学的桂冠总是青睐善于怀疑的科学家。同学们应当具有怀疑精神，对待科学的态度是不盲从，坚持真理。

实验步骤：

（1）酵母粉碎：购买干燥酵母细胞，与石英砂混合，在研钵研磨，制得酵母无细胞提取物。

（2）发酵的观察：将无细胞提取物与葡萄糖、果糖或麦芽糖混合。数天即有二氧化碳产生，可以使用澄清石灰水或溴百里香酚蓝溶液进行检测。一周左右可以进行酒精检测，可以使用酒精试纸或者重铬酸酸钾溶液。重铬酸钾是危险化学品，配制过程需要浓硫酸，因此必须由专业人士操作。

（3）镜检：使用亚甲蓝染色，显微镜检查应当显示提取物中没有活酵母细胞。

三、乳酸菌的发现和巴氏消毒法等灭菌方法——参观啤酒博物馆或啤酒厂

巴氏灭菌法又称低温灭菌法，先将要求灭菌的物质加热到 65℃保持 30 min 或 72℃保持 15 min，随后迅速冷却到 10℃以下。这样既不破坏营养成分，又能杀死细菌的营养体。巴斯德发明的这种方法解决了酒质变酸的问题，拯救了法国酿酒业。现代食品工业根据不同食品的风味，采取间歇巴氏灭菌法（普通瓶装啤酒、巴氏灭菌奶等）、超高温灭菌法（盒装牛奶、罐头食品）或过滤除菌法（纯生啤酒）进行灭菌。

啤酒制造,指以麦芽(大麦芽或者小麦芽)为主要原料,加啤酒花,经酵母发酵酿制成含二氧化碳、起泡、低酒精度(体积分数 2.5%～7.5%)的发酵酒产品的生产。啤酒的制作对微生物的控制是极其严格的,因为稍有不慎,啤酒就会做坏或者发酸。除了夏季每天供应的扎啤是含有活酵母菌的,瓶装或者罐装啤酒都是需要后期灭菌的,否则啤酒会很快变质。参观当地的啤酒博物馆或啤酒厂,咨询负责人:不同价格、口味的啤酒分别采用什么方法灭菌或者除菌,成本如何,销量如何? 如果啤酒口味发酸,是发酵的哪一个环节出现问题? 啤酒厂的发酵工程师该如何进行调整? 写一篇调查报告。

四、最早的狂犬疫苗——减毒灭活病毒

在细菌学说占统治地位的年代,巴斯德并不知道狂犬病是一种病毒病,但是他指出狂犬病的病原物是某种可以通过细菌滤器的"过滤性的超微生物"。如果将有侵染性的病原物经过反复传代和干燥,会减少其毒性。他将含有病原物的提取液多次注射兔子后,再将这些减毒的液体注射给狗,之后狗就能抵抗正常强度的狂犬病毒的侵染。1885 年,人们把一个严重被狗咬伤的 9 岁男孩送到巴斯德那里请求抢救,巴斯德给这个孩子注射了毒性减到很低的病原物提取液,再逐渐用毒性较强的提取液注射。巴斯德的想法是希望在狂犬病的潜伏期过去之前,使他产生抵抗力,结果巴斯德成功了,孩子没有得狂犬病。按照巴斯德免疫法,后来的医学家们创造了防止若干种危险病的疫苗,成功地免除了伤寒、小儿麻痹等疾病的威胁。2020 年新冠病毒肆虐,全世界的免疫学家都在全力以赴制备更有效的新冠疫苗。

创编一部手偶剧,来纪念巴斯德发明狂犬疫苗或者其他疫苗的发明。

实验步骤:

(1)剧本的编写:分小组,根据情节进行剧本的创作。各小组间比赛,挑选最好的一部剧本排演。

(2)角色设置:巴斯德、被狗咬伤的小男孩、狗、兔子、医生、护士等。

(3)道具的准备:租用手偶剧的舞台和各色手偶,准备注射器等道具。

(4)正式演出:可利用六一或元旦会演的时间演出并录像。

(5)评价:教师在整个过程中全程记录每位参与者的表现情况,给予适当的评价。

第四部分　生物化学阶段

　　20 世纪以来,微生物学开始向生物化学阶段发展,主要标志是各类抗生素的使用。1928 年,一个偶然的机会让弗莱明发现青霉菌能抑制葡萄球菌的生长,从此开创现代医药学的新篇章。认真观察记录和开放性思考是科学研究人员必需的两种素质。一个偶然现象往往蕴含着一个划时代的科学成果。

一、各类培养基的配制和灭菌

　　经验阶段和生理阶段用到的培养基还停留在肉汤、牛奶等天然材料,成分不稳定,培养效果差;进入生物化学阶段后,培养基的配方得到改良。以下我们将学习配制各类化学配方的培养基。

　　(1)LB 培养基。这是一种应用最广泛和最普通的细菌基础培养基,有时又称普通培养基,含有酵母提取物、胰化蛋白胨和 NaCl。每升 LB 培养基需 LB 40 g。如果是配制固体培养基,需要加琼脂 15 g。加热溶解,用 NaOH 调 pH 至 7.0,121℃、高压灭菌 20 min。有时需在培养基中添加抗生素。琼脂凝固点为 40℃,所以抗生素最好在 50～55℃时添加。

　　现在有卖现成的配好并且已经灭菌好的培养基了。如果同学们要在家中做实验,就可以采购这种现成的培养基。家中的高压锅可以当作灭菌锅,给接种器具灭菌,效果也是不错的。

　　(2)YPD 培养基。这是一种酵母培养基,也可以直接购买。配制方法是用 1 L 蒸馏水溶解 50 g YPD。如果配制固体培养基,则加入 20 g 纯化琼脂。用 4 mol/L 盐酸调 pH 至 5.8,121℃高温蒸汽灭菌 15 min。

　　目前市场上有许多即用型培养基平板,特别适合菌种检测,比如大肠杆菌显色平板、葡萄球菌检测平板等等,非常适合在家中或者初学者进行菌种培养和检验。

二、单菌落的分离

　　在经验阶段和生理阶段,我们只是考虑到微生物总菌落的一些性质。但是同种细菌所形成的菌落之间的差异是非常大的,如果我们要稳定保存或想试图改变这些性质,就必须获得单一菌落——一个细菌分裂形成的菌落,这样可以有效地进行菌种的研究和保存。需要的手段有划线接种法、稀释涂布法等。划线接种法的优点是便于观察菌落特征和对混合菌种进行分离,缺点是不能准确计数,一般多用于纯化菌株;稀释涂布法的优点是便于计数,缺点是吸收量较少、易蔓延,一般多用于筛选菌株,或用于某些成品鉴定、生物制品检验、土壤含菌量测定及水源污染程度的检验。无论是划线接种法还是稀释涂布法,一定要保证培养基的干燥;如果培养基表面有水流动的话,是无法分离单菌落的。

(1)平板划线法:将微生物样品在固体培养基表面多次做"由点到线"稀释而达到分离目的。用接种环以无菌操作蘸取少许待分离的材料,在无菌平板表面进行平行划线、扇形划线或其他形式的连续划线。微生物细胞数量将随着划线次数的增加而减少,并逐步分散开。如果划线适宜的话,微生物能一一分散,经培养后,可在平板表面得到单菌落。

(2)稀释涂布法:先将待分离的材料用无菌水做一系列的梯度稀释,标记好序号,然后分别用装有移液器取 10 μL 稀释液,滴入灭菌的平板中,使用灼烧并冷却的涂布器进行涂布(图 6-4-1),直到液体全部被吸收,倒置放入恒温箱中培养一定时间即可生长出菌落。细菌在 37℃ 培养

图 6-4-1　涂布

12～24 h 即可,酵母菌需要 30℃培养 48 h 左右。

三、检测菌落的生长情况和菌落计数——血细胞计数板测定酵母生长情况

菌落一般会呈 S 型曲线生长,在对数期获得的菌落各项生理活性最强。有两种方法来测定菌落的生长情况,一种是用紫外分光光度计测定,一种是用血细胞计数板测定。由于紫外分光光度计是专业实验设备,基础教育学校大多数没有,所有下面以血细胞计数板为例介绍检测方法。

实验步骤:

(1)待测菌悬液浓度一般比较高,需要加无菌水适当稀释(一般稀释 100 倍)。

(2)取血细胞计数板一块,用擦镜纸擦拭干净。

(3)将菌悬液摇匀,用移液器吸取 10 μL,将菌悬液直接滴加在计数区上,让

菌悬液利用液体的表面张力充满计数区,然后加盖盖玻片(勿产生气泡)。

(4)静置片刻,将血细胞计数板放置于显微镜的载物台上夹稳,先在低倍镜下找到计数区,再转换高倍镜观察并计数。

(5)计数时,若计数区由 16 个中方格组成,则数左上、左下、右上、右下的 4 个中方格(即 100 小格)的菌数;如果是 25 个中方格组成的计数区,除数上述 4 个中方格外,还需数中央 1 个中方格的菌数。计算公式:菌数=$N/5 \times 25 \times 10 \times 10^6 \times 100$(按照 25 个中方格计算)。其中,$N$ 是 5 个中方格总菌数,$N/5$ 为 5 个中方格的平均菌数。其中,$N/5 \times 25$ 为中央大方格总菌数(0.1 μL 的菌数),$N/5 \times 25 \times 10$ 为 1 μL 菌数,$N/5 \times 25 \times 10 \times 10^6$ 为 1 L 的菌数,100 为菌液的稀释倍数。

(6)分别在酵母菌接种后 0、8、16、24、36、48、56、64、72 h 进行测定,然后绘制生长曲线。每次最好接种 3 个菌落,取平均值进行统计。

四、抗生素的获得和耐药菌株的筛选

青霉素又名"盘尼西林",能破坏细菌的细胞壁并干扰细菌的繁殖,是第一种能够治疗人类疾病的抗生素。1941 年前后,英国牛津大学病理学家弗洛里与生物化学家钱恩实现对青霉素的分离与纯化,二人与青霉素的发现者弗莱明共同获得 1945 年诺贝尔生理学或医学奖。

当前所用的抗生素大多数是从微生物培养液中提取的,部分抗生素已能人工合成。不同种类的抗生素对微生物的作用机制也不相同,有些抑制核酸合成,有些抑制蛋白质合成,有些则抑制细胞壁合成,等等。目前,抗生素广泛应用于水产养殖、畜牧业和医疗中,导致细菌变异形成耐药的"超级细菌",对人类的生存造成重大隐患。

(一)青霉素的提取

大量收集柑橘类水果的皮,放在阴暗潮湿的地方,大约 10 d 即可看到长出青色的霉菌,这就是青霉。收集青霉,使用液氮进行研磨破壁,得到青霉细胞液。青霉素是一种有机酸,不耐高温,难溶于水,因此提取过程应当避免高温。使用乙酸丁酯进行萃取,再挥发掉萃取液中的乙酸丁酯,即可得到青霉素。医疗上使用的青霉素一般是青霉素的钠盐或者钾盐。

(二)青霉素耐药菌株的筛选

配制 LB 平板,使用医用青霉素注射液涂板,或者在倒平板时加入青霉素,但是务必使培养基温度降到不烫手背时再加入青霉素混匀。然后可以接种细菌，每个平板可划分多个区域（图 6-4-2），进行比较。在恒温箱中 40℃ 培养过夜，第二天观察。如果全部菌落都被杀死，则证明该青霉素浓度过高，应降低浓度，继续实验，或者制作梯度浓度抗生素平板进行筛选。金黄色葡萄球菌对青霉素最易产生耐药性，原因是细菌产生 β-内酰胺酶，使青霉素水解。在医学上，

图 6-4-2　平板分区

一旦细菌产生抗药性，就必须用两种作用机制不同的抗生素共同作用杀灭细菌。比如治疗幽门螺旋杆菌的四联法，其中就有两种抗生素。为了避免细菌耐药性的产生，使用抗生素的原则是"按疗程服用，用药量足够"，一次性杀灭细菌，消除炎症。最忌用用停停，反复发炎，这样易使未杀灭的细菌得到锻炼，形成抗药性。

（三）抗生素抑菌圈实验

抑菌圈法又叫扩散法，是利用待测药物在琼脂平板中扩散使其周围的细菌生长受到抑制而形成透明圈，即抑菌圈，根据抑菌圈大小判定待测药物抑菌效价的一种方法，一般有滤纸片法、牛津杯法。

实验步骤：

将灭菌且浸有抗生素的滤纸片放置在平板上，或者在平板上放置牛津杯，加入抗生素，盖上透气陶瓷盖，将培养皿正放在恒温箱中培养，观察透明抑菌圈并且测量其直径。滤纸片法更为简单，但是牛津杯法重复效果好，测定更为准确。

附：各种抗菌实验平板的制备

涂布平板法最为简单，但是效果差；其他两种以预加菌平板法效果最好。

（1）涂布平板法：先向已灭菌的平板中倾注 20 mL 左右平板培养基，水平静置待培养基凝固，接种 0.1 mL 菌液，涂布均匀后备用。

（2）倾注平板法：先向已灭菌的平板中接种 1 mL 菌液，然后倾注约 20 mL 已冷却至 50℃ 左右的平板培养基，混合均匀，水平静置，凝固后备用。

（3）预加菌液平板法：向已冷却至 50℃ 左右的平板培养基中注入一定量的菌液，混合均匀，倾注平板，水平静置，凝固后备用。

第五部分　分子生物学阶段

分子生物学从微生物学中诞生。由于病毒构造非常简单,所以科学家应用病毒来进行遗传物质 DNA 和 RNA 复制方式的研究。

一、紫外线诱变选育 α-淀粉高产枯草芽孢杆菌菌株

紫外线是一种最常用、有效的物理诱变因素,其诱变效应主要是由于它引起 DNA 结构的改变而形成突变型。紫外线诱变一般采用 15 W 或 30 W 紫外线灯,照射距离为 20~30 cm,照射时间依菌种而异,一般为 1~3 min,死亡率控制在 50%~80%为宜。被照射处理的菌液必须呈均匀分散的单细胞悬液状态。

实验步骤:

(1)菌体培养:取枯草芽孢杆菌接种于盛有 5 mL LB 培养基的试管中,37℃振荡培养 12 h。

(2)菌悬液的制备:取发酵液放于 10 mL 灭菌离心管中,以 3000 r/min 离心 10 min,弃去上清液。加入无菌水 10 mL,振荡洗涤,离心 10 min,弃去上清液。加入无菌水 10 mL,振荡均匀。

(3)诱变处理:将菌悬液倾于无菌培养皿中(内放一个磁力搅拌棒),置于电磁力搅拌器上,于超净工作台紫外灯下(距离 30 cm)照射 0.5~1 min。

(4)筛选:用移液器取 0.1 mL 诱变后的菌悬液涂布于含有 0.2%可溶性淀粉 LB 培养基平板上,37℃暗箱培养 48 h。在长出菌落的周围滴加 0.5%碘液,观察并测定透明圈直径 C 和菌落直径 H,挑选 C/H 值最大者接入斜面培养基保藏。

二、肺炎双球菌转化模型的构建

肺炎双球菌(图 6-5-1)转化实验有两个,一个是格里菲斯的体内转化实验,另一个是艾弗里的体外转化实验。前者证明了转化因子 DNA 是遗传物质,后者证实了蛋白质不是遗传物质。

由于本实验用到致病菌,所以我们进行模拟实验。

使用花生壳模拟肺炎双球菌,可以使用胶水做荚膜,找几只大盘子当作培

养皿,使用铁丝、橡皮泥等模拟 DNA、蛋白质和其他物质,进行体外转化实验的模拟。还可以用手绢制作几只手绢老鼠,配合注射器进行体内转化实验,把高中难理解的知识变成游戏,培养对生物知识的兴趣。

三、病毒模型的构建

病毒这类简单到连细胞结构都没有的生物,却具有改变人类命运和文明的强大能力。

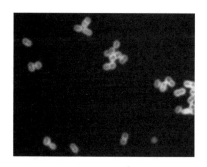

图 6-5-1　肺炎双球菌

使用各种材料和技术手段,如太空泥、纸壳、铁丝、软陶、3D 打印技术、FLASH 动画设计软件等等,制作病毒模型,也可以制作病毒的侵染过程的动画或动态模型。尽量利用废弃物制作,降低实验成本。此活动可以作为寒暑假的实践活动。

第七章　种豌豆、养果蝇，做遗传学实验

　　遗传学是研究生物的遗传与变异，从分子水平研究基因的结构、功能及其变异、传递和表达规律的学科。最初的遗传学就是人们为了经济或者观赏价值，按照自己的意图进行动植物品种改良。人类在新石器时代就已经饲养栽培动植物。公元 500 年左右贾思勰著有《齐民要术》，书中论述了各种农作物的栽培、家畜的饲养和品种改良的方法。

　　从"遗传学之父"——孟德尔（图 7-0-1）到提出 DNA 双螺旋结构的沃森和克里克，遗传学发展大致可以分为四个时期：经典遗传学、细胞遗传学、微生物遗传学和分子遗传学。从 1866 年孟德尔根据豌豆杂交实验结果发表了《植物杂交实验》的论文，发现了遗传学"三大基本定律"中的分离定律及基因自由组合定律开始，遗传学的发展进入经典遗传学时期。从 1910 年到 1940 年是细胞遗传学时期，代表事件是美国遗传学家摩尔根在 1910 年发表关于果蝇的性连锁遗传。这一时期的研究确立了"遗传的染色体学说"，也发现了遗传学"三大基本定律"中的

图 7-0-1　孟德尔
（1822—1884）

"连锁定律"。从 1940 年到 1960 年是微生物遗传学时期，标志是 1941 年比德尔和塔特姆发表链孢霉的营养缺陷型方面的研究结果。在这一时期，科学家采用微生物作为材料研究基因的作用，由于微生物繁殖快，变异多，取得了以往在高等动植物研究中难以取得的成果，提出了基因重组、基因突变和基因调控等重要理论，从而大大完善了遗传学理论。从 1953 年沃森和克里克提出 DNA 的双螺旋模型开始，遗传学的发展进入分子遗传学，遗传学在 DNA 分子结构和复制等方面取得极大成就。到了 20 世纪 60 年代，mRNA、tRNA、遗传密码、核糖体的功能等得以阐明，从此若干遗传学分支出现，比如免疫遗传学（研究同一个受精卵细胞为什么会分泌不同的抗体的学科）、发生遗传学（同一个受精卵通过有丝分裂而产生的无数子细胞怎样分化成为不同的组织的学科）等等，许多技

术也应运而生，比如遗传工程、细胞工程等等。

　　本章实验主要集中在经典遗传学和细胞遗传学，分子遗传学会用单独一章讲解。张老师会设计各种有趣的实验，让同学们当一次小小孟德尔和小小摩尔根，体会科学家的成长历程。本章重点讲模拟法，如用橡皮泥或者其他材料模拟染色体有丝分裂和减数分裂中的行为。使用宏观可见的材料放大模拟微观不可见世界中的变化，是基础生物教育中一项重要技能。当然，显微镜也不可缺少。会搓橡皮泥就会做的遗传学实验即将开始，你准备好开启神秘的遗传学实验之旅了吗？

第一部分　孟德尔与豌豆的故事

　　孟德尔定律即基因的分离定律和基因的自由组合定律。在孟德尔以前，遗传现象没有明确的科学解释，当时比较流行"融合说"：母方卵细胞与父方精子中存在的"某种液体"混合，是孩子继承父母两方特征的原因。而孟德尔预言，决定父母方性质的是某种单位化的粒子状物质，这里的粒子就是遗传因子。同学们用不同性状的豌豆设计一个遗传学实验吧！

一、模拟实验验证孟德尔定律

（一）性状分离比的模拟实验

　　实验用品：抽绳布袋 2 个，分别标记甲、乙；2 种色彩的小球各 20 个，分别标记 D、d。在 2 个袋子中各分别放 10 个小球，使小球充分混合（图 7-1-1）。

　　实验步骤：

　　（1）分别从两个布袋内随机盲抓一个小球作为一个组合，这表示雌配子与雄配子随机结合成合子。每次抓取后，记录下两个小球的字母组合。

　　（2）将抓取的小球放回原来的袋子，按上述方法重复做 50～100 次，重复的次数越多，结果越准确。

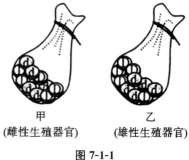
甲（雌性生殖器官）　乙（雄性生殖器官）

图 7-1-1

(3)统计小球组合分别为 DD、Dd 和 dd 的数量,并计算其比例。

实验后得出结论:F_1 产生的配子 D:d=1:1;模拟雌雄配子随机结合,F_2 的遗传因子组成 DD:Dd:dd≈1:2:1,表型比 3:1。

(二)自由组合比的模拟实验

实验用品:塑料桶 2 个,分别标记甲、乙;抽绳布袋 4 个,2 个标记 1 号染色体,2 个标记 2 号染色体;桶 2 个,每个桶中放入 1 号和 2 号染色体各一个布袋;4 种色彩的小球各 20 个,分别标记 D、d、E、e,在 2 个袋子中分别放 10 个,使小球充分混合。

实验步骤:

(1)分别从 2 个桶、4 个布袋内随机盲抓一个小球作为一个组合,这表示雌配子与雄配子随机结合成合子。每次抓取后,记录下 4 个小球的字母组合。

(2)将抓取的小球放回原来的小桶,按上述方法重复做 50~100 次,重复的次数越多,结果越准确。

(3)按照表 7-1-1 统计小球组合的数量,并计算其基因比例和表型比。

表 7-1-1 F_1 基因型

雌雄配子	DE	De	dE	de
DE	DDEE	DDEe	DdEE	DeEe
De	DDEe	DDee	DdEe	Ddee
dE	DdEE	DdEe	ddEE	ddEe
de	DdEe	Ddee	ddEe	ddee

实验后得出结论:F_1 产生的配子 DE:De:dE:de=1:1:1:1;模拟雌雄配子随机结合,F_2 的遗传因子组成有 9 种,表现型有 4 种,比例约为 9:3:3:1。

二、种植豌豆等验证孟德尔定律

实验步骤:

(1)设计性状,进行杂交:孟德尔使用的是豌豆,有高茎和矮茎性状。我们也可以用黄豆和黑豆,利用黄皮和黑皮这两个性状,或者玉米的黄粒和紫粒作为相对性状。这一步的关键是父本、母本都应该是纯种。F_1 的性状是显性,所有的 F_1 均为杂种。

（2）F_1代自交：孟德尔将F_1代高茎的豌豆种子收集起来进行了自交,发现F_2代出现高茎和矮茎,比例为 3：1。

温馨小贴士

　　豌豆是自花传粉的植物,因此如果需要杂交,要在花未开时。雄蕊还未成熟时,人工去雄。我们可以用小镊子或者小剪子剪掉雄蕊,罩上袋子,等待花朵开放,再进行人工授粉。豌豆花比较大,人工去雄操作比较简单,但是对于花很小的植物比如小麦、水稻等,就需要找到雄性不育系来进行杂交。

（3）设计两对性状进行杂交,然后自交,验证自由组合定律。

　　种植植物进行杂交实验的原理很简单,但是难度很大。自然界除了孟德尔定律外,还存在连锁定律、细胞质遗传、不完全显性等等其他的遗传现象影响,因此我们需要很多年的种植才能验证孟德尔定律,持之以恒、坚韧不拔的科学精神在遗传学实验的过程中是非常重要的,希望这个实验能磨炼同学们的意志力。

第二部分　摩尔根与白眼雄果蝇的故事

　　摩尔根（图 7-2-1）自幼热爱大自然。1910 年 5 月,摩尔根在实验室中发现了一只与众不同的白眼雄果蝇。摩尔根如获至宝,晚上将这只果蝇揣在怀里带回家中悉心照顾,白天把它带回实验室。他把这只果蝇与另一只红眼雌果蝇进行交配,下一代果蝇全是红眼的果蝇,一共得到 1240 只。后来摩尔根又获得一只白眼雌果蝇,让其与一只红眼雄果蝇交配,后代中的雄果蝇都是白眼,雌果蝇都长有正常的红眼睛。这种性染色体上的基因所表现的特殊遗传现象叫作伴性遗传。摩尔根在此基础上总结出连锁定律。看到这里,同学们是不是也特别希望得到一只珍贵的白眼果蝇进行遗传学规律的研究？

图 7-2-1　摩尔根
（1866—1945）

　　果蝇是双翅目昆虫果蝇属的昆虫。通常用黑腹果蝇作为遗传学实验材料。

最好购买纯种的实验用果蝇,不要随意用野生的果蝇,因为野生果蝇携带病菌,且品种不好。用果蝇作为实验材料有许多优点,如繁殖周期短、子代多、性状容易辨认等。

一、果蝇的饲养

将 1.5 g 琼脂捣碎,放入 38 mL 的水中煮溶后,加入 10 g 白糖,制成琼脂-糖混合物。再将 9 g 玉米粉和 37 mL 的水加热搅拌成糊状,倾入正在煮沸的琼脂-糖混合物中,煮沸 3~5 min。待稍降温后,加入 1 mL 丙酸以防腐,搅拌调匀后,将配好的培养基倒入经灭菌的培养瓶中(1~1.5 cm 厚)。倾倒时应注意勿将培养基沾到瓶口或瓶壁上。用火菌的纱布棉塞塞好瓶口,冷却待用,暂时不用的培养基应放入 4℃冰箱中或清洁阴凉处保存。使用前在培养瓶中加入适量干酵母粉或 1~2 滴酵母菌液。如果是临时收养果蝇,用腐烂的苹果皮也可以。果蝇其实不吃水果,它们的食物是酵母。

二、果蝇的繁殖

25℃时,每个受精雌蝇可产卵 400~500 个,从卵到成蝇需 10 d 左右,成虫可活 26~33 d,因此在短时间内就可获得大量的子代,便于遗传学分析。

采购实验用果蝇,在高倍放大镜下区分雌雄(图 7-2-2)和性状。将雌雄各一只投入饲养瓶中,等待其交配产卵。待产卵结束,将这对果蝇移出饲养瓶,换瓶饲养。

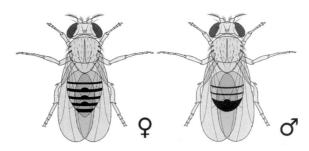

图 7-2-2 果蝇雌性(左)与雄性(右)图示

果蝇是完全变态昆虫,生活周期可分为 4 个时期:卵、幼虫、蛹和成虫。

卵:长约 0.5 mm,白色椭圆形,前端背面伸出一触丝,可附着在食物上。

幼虫:分为一龄、二龄、三龄,三龄体长达 4~5 mm,幼虫头尖尾钝,头上有黑色钩状口器。

蛹：化蛹前三龄幼虫停止摄食，爬到相对干燥的瓶壁上。蛹呈菱形，由柔软的淡黄色逐渐硬化为深褐色。

成虫：果蝇刚羽化的虫体较肥大，由半透明逐渐加深并且硬化。

用同样的方法可以饲养子二代、子三代。

> **温馨小贴士**
> 雌果蝇体形大，末端尖；背面有环纹5节，无黑斑；腹片7节；第一对足跗节基部无性梳。雄果蝇体形小，末端钝；背面有环纹7节，延续到末端形成黑斑；腹片5节；第一对足跗节基部有黑色鬃毛状性梳。观察果蝇需要超强的耐心。一个培养瓶子中往往有成百上千只果蝇，鉴别果蝇雌雄的工作量惊人！

三、果蝇的性状观察实验

每只雌蝇每次可产几百只卵，因此做果蝇实验最重要的就是耐心，可以用小组合作的方式来完成。

实验步骤：

（1）转移果蝇：取新培养瓶（或麻醉瓶）一个，以右手将新培养瓶倒扣于旧培养瓶上，再以左手握住两瓶口相接处，翻转使新培养瓶位于下方，然后以右手掌心轻拍旧培养瓶瓶底，使果蝇掉落于新培养瓶瓶底，迅速盖上各瓶棉塞。整个过程要避免果蝇外逃。

（2）麻醉：取一麻醉瓶，使两瓶口相对，培养瓶在上，用手拍击培养瓶，使果蝇落入麻醉瓶内，迅速盖上棉塞。滴加3滴乙醚于麻醉瓶口中的棉花上，果蝇约1 min后倒卧于瓶底，即可将果蝇倒出进行操作。如果果蝇的翅膀与身体呈45°角翘起，表明麻醉过度，不能复苏。

（3）观察、计数：取白瓷板平置于桌面，将麻醉的果蝇倒于白瓷板上，在解剖镜下进行性状观察。使用毛笔拨弄，不要损伤果蝇，并将雌雄果蝇分开放置。果蝇的特殊性状一般有白眼、黑体、残翅等等（表7-2-1）。

（4）接种：接种观察过的果蝇（2～3对）到新培养瓶中。为避免麻醉的果蝇直接掉落于培养基表面而黏着于培养基表面致死，先将培养瓶横放，将麻醉的果蝇用毛笔转移到瓶壁，待其苏醒后再将培养瓶正立。

表 7-2-1　果蝇特殊性状

突变性状名称	基因符号	形状特征	所在染色体
白眼	w	复眼白色	X
檀黑体	e	体呈乌木色,黑高	ⅢR
黑体	b	体呈深色	ⅡL
残翅	vg	翅退化,部分残留不能飞	ⅡR
小翅	m	翅较短	X

四、果蝇唾腺染色体装片制作

果蝇三龄幼虫只有 4 对多线染色体;有丝分裂停在间期,DNA 不断复制,着丝点不分开;同源染色体紧密配对。其唾腺极大,是遗传学观察的好材料,用于制作染色体切片(图 7-2-3)。

实验用品:黑腹果蝇三龄幼虫、双筒解剖镜、显微镜、解剖针(两支)、生理盐水、1 mol/L 盐酸、改良苯酚品红染液。

实验步骤:

(1)选取三龄幼虫:用解剖针取行动迟缓、肥大、爬上管壁的三龄幼虫,置于载玻片上,并滴加一滴生理盐水。于解剖镜下观察幼虫结构(具有一钝尾和带黑色口器的尖头端)。

图 7-2-3　果蝇唾腺
染色体

(2)唾腺剖取:取两支解剖针,一支压住幼虫身体的近中部,固定幼虫,另一支压住幼虫头部,压点尽可能靠头部口器处。将解剖针平稳前移,使头部和身体拉开,体内各器官从切口拉出,一对唾腺也随之而出,去除幼虫其他组织部分。唾腺为透明棒状腺体,外包裹白色脂肪组织,应当剥离干净。

(3)腺体变性解离:加一滴 1 mol/L 盐酸,浸 2～3 min,使组织疏松,以便压片时细胞分散,染色体散开。用吸水纸吸去盐酸,加蒸馏水轻轻冲洗两次。

(4)染色与制片:滴加改良苯酚品红染液,染色 20～30 min。染色完成后,盖上干净的盖玻片,并覆一层滤纸。将玻片放在实验台上,用大拇指均匀用力压片。一定要垂直用力,不能搓动,否则染色体卷曲折叠后无法观察。

（5）显微观察：先用低倍镜观察，找到染色体图像后，将其移至视野中央。再用高倍镜观察，注意调节亮度。

第三部分　有丝分裂和减数分裂实验

一、有丝分裂

有丝分裂是真核细胞特有的体细胞分裂过程。这种分裂方式普遍见于高等动植物，细胞分裂的过程中有染色体和纺锤体出现，将间期复制好的子染色体平均分配到子细胞。动物或低等植物和高等植物的有丝分裂有不同的地方：动物细胞有星状体（中心体和星射线）形成，而没有细胞板的形成，靠细胞缢裂形成两个子细胞。有丝分裂有细胞周期，一个周期始于上一次分裂完成时，止于下一次分裂完成时。一个细胞周期包括 2 个阶段：分裂间期和分裂期。分裂间期占细胞周期的 $90\%\sim95\%$，分裂期占细胞周期的 $5\%\sim10\%$。分裂间期为分裂期进行活跃的物质准备，完成 DNA 分子的复制和有关蛋白质的合成，同时细胞有适度的生长增大。分裂期又分为前、中、后、末 4 个时期。

（一）橡皮泥模拟动物细胞有丝分裂全过程

准备一张硬纸板，分别剪出间、前、中、后、末 5 个时期的圆形或葫芦形（后期缢裂）细胞。拿出红、绿橡皮泥各两块，红色代表来自父方，绿色代表来自母方，各捏出同样形状的染色体代表一对同源染色体。高等动物细胞是二倍体。假设这个动物只有两对同源染色体，即 $2n=4$（大红、大绿、小红、小绿）。

（1）间期特点：DNA 进行复制，蛋白质合成，有细胞核，细胞适度增大。

（2）前期特点：染色质丝螺旋缠绕，形成染色体，散乱地分布在纺锤体中央。每条染色体包括两条姐妹染色单体，共用一个着丝点，细胞核解体，细胞两极中心体发射星射线形成纺锤体。

（3）中期特点：染色体在赤道板上分布，是观察染色体数目和形态的最好时期。

（4）后期特点：每个着丝点分裂，姐妹染色单体分开，在纺锤丝的牵引下移动到两极，细胞开始缢裂。

（5）末期特点：染色体分别到达细胞两极，细胞分裂成两个子细胞，细胞核重新出现，染色体和纺锤体消失（图 7-3-1）。

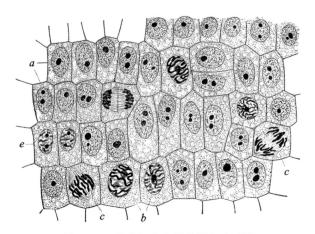

图 7-3-1　洋葱细胞有丝分裂各个时期

(二)高倍显微镜观察洋葱根尖有丝分裂各个时期

实验用品: 瓶中装满清水,让洋葱的底部接触到瓶内的水面,放在温暖的地方培养根尖。解离液:质量分数 15% 的盐酸和体积分数 95% 的酒精按体积比 1∶1 混合,染色液:0.01 g/mL 或 0.02 g/mL 的龙胆紫或醋酸洋红。

实验步骤:

(1)取材:取根尖 2～3 mm(取到分生区;如果取太长,看到的大多数是伸长区的细胞)。

(2)解离:将根尖放入解离液中 3～5 min。

(3)漂洗:将酥软的根尖放入清水中漂洗,防止解离过度,影响染色。

(4)染色:将漂洗后的根尖放入染色液中染色 3～5 min,清水漂净浮色。

(5)制片:将染色后的根尖放入滴有清水的载玻片上,盖上盖玻片,然后用拇指轻轻按压盖玻片。

二、减数分裂

减数分裂是高等动植物形成生殖细胞时特有的,染色体只复制一次,细胞却连续分裂两次,结果造成染色体数目减半的一种分裂方式。减数分裂可以保证物种染色体数目稳定、子代遗传物质多样,使物种适应环境变化。在减数分裂过程中,同源染色体的联会、非同源染色体的自由组合以及四分体中的交叉互换,增加了遗传多样性,为自然选择提供更多原材料。减数分裂周期有两个阶段:间期和分裂期。分裂期又分为减数第一次分裂期(减Ⅰ)、减数第二次分裂期(减Ⅱ)，每一个分裂期又分为前、中、后、末 4 个时期。

(一)橡皮泥模拟动物精原细胞减数分裂形成精子全过程

准备一张硬纸板，分别剪出间、减Ⅰ前、减Ⅰ中、减Ⅰ后、减Ⅰ末(减Ⅱ前)、减Ⅱ中、减Ⅱ后、减Ⅱ末 8 个时期的圆形或葫芦形(后期缢裂)细胞。在基础教育阶段，减Ⅰ的末期和减Ⅱ的前期可认为是同一个时期。拿出红、绿橡皮泥各两块，红色代表来自父方，绿色代表来自母方，各捏出同样形状的染色体代表一对同源染色体。高等动物细胞是二倍体，假设这个动物只有两对同源染色体，即 $2n＝4$(大红、大绿、小红、小绿)。

(1)间期：精原细胞形成初级精母细胞，进行 DNA 复制，染色体形成，DNA 数目加倍但染色体数目不变，原因是复制后的每条染色体包含两条姐妹染色单体。

(2)减Ⅰ前期：初级精母细胞同源染色体联会形成四分体，核仁、核膜消失，出现纺锤体。同源染色体非姐妹染色单体可能会发生交叉互换。

(3)减Ⅰ中期：同源染色体着丝点对称排列在赤道板两端，同源染色体清晰。

(4)减Ⅰ后期：纺锤丝牵引同源染色体分离，非同源染色体自由组合，移向细胞两极。

(5)减Ⅰ末期：初级精母细胞分裂，形成次级精母细胞。

(6)减Ⅱ中期：姐妹染色单体的着丝点排在赤道板上，形态清晰。

(7)减Ⅱ后期：纺锤丝牵引姐妹染色体着丝点分离，染色体移向两极。

(8)减Ⅱ末期：次级精母细胞分裂形成精细胞，然后变形成精子。

思考：我们所说的分离定律和自由组合定律可能发生在生殖细胞形成的哪个时期？ 假设 D/d 和 E/e 基因在非同源染色体上，通过减数分裂可以形成几种基因型的配子？

温馨小贴士

类比推理是根据两个或两类对象在某些属性上相同，推断出它们在另外的属性上也相同的一种推理。减数分裂过程中染色体的行为和孟德尔的豌豆杂交实验遗传因子的行为非常相似，因此科学家推断遗传因子在染色体上，这就是萨顿的假说。萨顿正是运用了此种科学方法，将看不见的基因与看得见的染色体的行为进行类比，根据其惊人的一致性，提出基因位于染色体上这一假说。此外细胞学说和 DNA 的结构也是科学家根据类比推理法提出的。我们应当学会使用这种科学的思维方法来解决遇到的问题和困难。

(二)植物花粉减数分裂制片技术

实验用品:玉米雄花序($2n=20$)、显微镜、载玻片、盖玻片、解剖针、镊子、醋酸洋红、45%醋酸、卡诺固定液(甲醇与冰醋酸体积比3:1混合)、酒精等。

实验步骤:

(1)采集玉米不同花期的雄花序,用新配制的卡诺固定液固定18~24 h,经80%和70%酒精各脱水0.5 h,保存于70%酒精中备用。这样处理的材料可保存2~3年。

(2)取经过固定的雄花序上长0.5 cm左右的小花,用解剖针或镊子挑出花药(每一朵小花有3个花药),置于载玻片上。

(3)在花药上滴一滴醋酸洋红,然后用解剖针把每个花药截成几段,尽可能挤出花药中的花粉母细胞。

(4)去除花药残渣,适当涂匀于载玻片上,盖上盖玻片,垫一张滤纸,以大拇指均匀按压(注意不要滑动盖玻片),吸去多余染液,即可镜检。若高倍镜观察颜色太深,可在酒精灯火焰上过几遍,使细胞质透明,增大颜色反差。注意不要过度烘烤。

(5)显微镜下观察,寻找减数分裂各个时期,绘制各时期特征图。

温馨小贴士

经过这么多次的临时装片制作,同学们的手艺肯定练得比较好了。我们可以将做好的片子临时封片以保存一段时间,也可制成(半)永久制片,以长期保存。

(1)临时封片:用解剖针烧熔石蜡,密封盖玻片四周,置于低温下,一般可保存数星期。

(2)永久制片:将制好的片子有盖玻片的一面向下浸入95%酒精和冰醋酸体积比1:1的混合液中固定、防腐。从盖玻片脱落载玻片时算起,1~2 min后,轻取载玻片、盖玻片,不使材料丢失并注意其位置,放入95%酒精和正丁醇体积比2:1的混合液中1~2 min。再移入正丁醇中1~2 min(至少两次),阴干。最后使用加拿大树胶或中性树胶封存。

(三)观察蝗虫精母细胞减数分裂各个时期

处于繁殖期的雄蝗虫,精巢里的精原细胞正在进行减数分裂。因此,在它的精巢管内可以找到处于减数分裂不同阶段的细胞，如精原细胞、初级精母细胞、次级精母细胞、精细胞以及精子。通过观察处于减数分裂不同阶段的细胞，可以了解减数分裂的大致过程。

实验用品：雄性蝗虫（可以用固定装片代替）、手术刀、解剖针、大头针、解剖盘、显微镜、载玻片、盖玻片、解离液、龙胆紫染剂等。

实验步骤：解剖雄性蝗虫，找到精巢，放入解离液中解离 3 min，漂洗，用龙胆紫染剂染色，制成装片（或者直接购买固定装片）。用高倍显微镜观察。

第四部分　基因突变、染色体变异、杂交育种

基因突变是在 DNA 分子水平上的一种变异，只涉及基因的一个或几个碱基的变化，在光学显微镜下无法观察到。基因突变包括三种类型：基因碱基对的添加、删除和替代。染色体变异是细胞水平上的变异，包括染色体片段的变化。这个片段可能包含几个可以在光学显微镜下观察到的基因。染色体结构变异包括染色体片段的缺失、复制、倒转和易位。基因突变与染色体结构变异造成的结果是不同的：基因突变引起基因结构的改变，基因的数量没有改变，生物体的性状也不一定改变；染色体结构变异导致染色体上排列的基因数量和排列顺序发生变化，生物体的性状必定发生变化。遗传物质的变化对生物来说害处居多，但是我们能合理运用基因突变和重组等因素来进行育种。所有育种方式里最安全、最被广泛应用的属杂交育种，即将不同品种的雌雄配子进行交配，得到具有新性状的新物种。"杂交水稻之父"袁隆平就成功地进行了水稻杂交育种，解决了世界上数亿人口的吃饭问题。同学们快来和张老师学习育种吧！

一、紫外线照射大肠杆菌诱导基因突变实验

紫外线的照射可使大肠杆菌的 DNA 受到损伤，造成基因突变，之后可以定向筛选，比如筛选抗青霉素菌株、营养缺陷型菌株等等。由于部分大肠杆菌是致病菌，所以这个实验不能在家中进行，要到微生物实验室中进行。

实验用品：大肠杆菌、LB 培养基、灭菌平皿、灭菌蒸馏水、紫外灯、青霉素、各类不完全培养基。

实验步骤：

（1）接种大肠杆菌于液体 LB 培养基中，37℃振荡培养 12 h，离心，用无菌蒸

馏水清洗后获得大肠杆菌菌液。

(2)紫外灯预热 20 min,将大肠杆菌菌悬液平铺于无菌平皿中,放于紫外灯下分别照射 10、20、30 s 后,分别吸取 10 μL,涂布于青霉素培养基和各种不完全培养基中。

(3)37℃恒温箱中 12 h,拿出观察,如果出现菌斑,即可接种,检验是否获得了基因突变型大肠杆菌。

由于基因突变的概率非常小,而且不定向,所以本实验出现基因突变型的概率非常小,有时全班同学做几百个样品都筛选不到一个基因突变型。这是培养耐性的好时机,多做几次,你一定会得到基因突变型。

二、染色体结构变异的模拟实验

利用彩色纸条模拟染色体变异过程中的缺失、复制、倒转和易位,并结合实例理解。

三、染色体数目变异的观察实验:低温诱导植物细胞染色体数目变化

用低温处理植物组织细胞,使纺锤体的形成受到抑制,以致染色体复制后不能被拉向两极,细胞也不能分裂成两个子细胞,造成植物细胞染色体数目发生变化(加倍)。

实验用品:洋葱、卡诺固定液、解离液、10 mg/mL 的龙胆紫溶液、显微镜、载玻片、盖玻片、培养皿、剪刀、镊子、吸水纸、滴管、小烧杯。

实验步骤:

(1)把洋葱放在盛满水的广口瓶上,让它的底部接触瓶内的水面,待洋葱根长到 1 cm 时,放入 4℃诱导培养 36 h。

(2)剪取根尖 0.5～1 cm,放入卡诺固定液中固定 30 min,然后用体积分数为 95% 的酒精洗 2 次,用体积分数为 70% 的酒精保存于低温处,贴好标签。

(3)取固定好的根尖,进行解离、漂洗、染色和制片。

(4)先用低倍镜寻找染色体形态较好的分裂细胞,再换上高倍镜使物像清晰,仔细观察并辨认哪些细胞发生染色体数目变化,找到处于细胞分裂中期的细胞,计数染色体。

四、花药离体培养与单倍体育种

单倍体培养是利用植物的花粉、小孢子等单倍体细胞，通过组织培养的方法，培育出单倍体植株。花药离体培养一般是离体培养花粉处于单核时期（小孢子）的花药，通过培养使它离开正常的发育途径（即形成成熟花粉最后产生精子的途径）而分化成为单倍体植株，这是目前获得单倍体植株的主要方法。花药离体培养大体上要经过制备培养基、接种花药和培养三步。

实验步骤：

（1）取花粉发育到一定阶段的花药，经过镜检，选处于单核中晚期时最好。将花药放入消毒剂中消毒后，对着光将花药剪开，剥在无菌纸上，再接种在去分化培养基上进行离体培养。

（2）花粉在培养基中，28℃进行暗培养，促进花粉粒分裂增殖，形成愈伤组织。

（3）将愈伤组织移入分化培养基上分化出芽和根，最后长成单倍体植株。

单倍体育种在花药离体培养的基础上，用秋水仙素继续处理单倍体幼苗，使染色体数目加倍，重新恢复为二倍体。因为它们的二倍数染色体是由单倍数染色体本身加倍而来的，都是纯系，自交后代不会发生性状分离，因此在育种上有很高的应用价值。由此可知，花药离体培养与单倍体育种关系密切——花药离体培养是单倍体育种的首要环节。

温馨小贴士

秋水仙素是剧毒物质，是从秋水仙科植物秋水仙（图 7-4-1）的球茎中提炼出来的，主要作用是抑制纺锤体的形成，具有麻醉作用。同学们不要在家中尝试用秋水仙素做实验。秋水仙素如果沾染伤口，会造成伤口不愈合，也不能当作洋葱或者大蒜食用，否则会造成生命危险。此外，新鲜的黄花菜和木耳中也含有秋水仙素，不能直接食用，需要晒干后泡发食用。

图 7-4-1　秋水仙

五、寻找多倍体农作物，参观多倍体农作物生态大棚

我们平常吃的粮食大部分都是多倍体育种的结果，比如三倍体西瓜（图 7-4-2）、八倍体小黑麦等。参观多倍体农作物生态大棚，了解这些农作物的培育过程和优点。

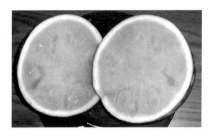

图 7-4-2　三倍体西瓜

六、雄性不育系的观察和杂交育种技术

研究杂交育种首先要清楚"三系"的概念。"三系"是指配制一个优良杂交种所需要的特定的三个系，包括不育系、保持系和恢复系，如"玉米三系""小麦三系"。同学们寻找雄性不育系的花药，进行显微观察。由于不育系的花粉没有淀粉粒的积累，滴加碘化钾染色很浅；根据花粉的形态，又可分为圆败型和典败型。

第五部分　遗传学疾病的研究

到目前为止，已经有许多疾病被明确为遗传病，比如红绿色盲、血友病等等。人类之间基因的差异非常小，但正是这微小的差异造成了人与人之间相貌、智力、健康等差异（当然也有环境因素的影响）。现代分子生物医学证明，某种基因型的人群更容易出现某种类型的健康问题。人类可以通过基因检测结果预测自身患病风险。近年来，基因检测服务在国内外非常受欢迎，使女性乳腺癌和直肠癌等的发病率大幅度下降。同学们可能会发现，长青春痘的同学的父母年轻时也比较爱起青春痘，脱发也存在遗传，此外还有身高、肥胖、乳糖不耐受症、双胞胎、心脏病和乳腺癌等等都有遗传现象。我们都特别重视健康，因此我们应当了解"遗传"，接受它，想办法发扬遗传的优势或规避劣势。基因对于职业规划也有一定参考价值。

一、根据家族遗传特性，制作健康生活表

观察自己的家族有哪些特征，将所有具有这种特征的家人的信息记录下来。比如起青春痘，可以记录以下信息：从何时起？最严重的时期有哪些症状？

大概起了多久？都用过哪几种药物治疗？张老师父亲家族的人就容易患心脑血管病，母亲家族的人易得消化道癌症。因此张老师将家人病史记录在案，包括首次发现疾病时间、治疗措施、治疗时间、治疗效果和发病后的存活时间等等。总结经验后，张老师给自己制作了一张健康生活表，尽量规避诱发这两类疾病的因素。此外，张老师经常搜集国内外治疗这两类疾病的案例，确保一旦发病，能尽快接受有效治疗，挽救家人和自己的生命。请同学们给自己和家人制作一张这样的健康生活作息表。

> **张老师的健康作息注意事项**
>
> 　　避免父族遗传的高血压、心脑血管疾病：尽量不让自己心情紧张，不参与太过刺激的运动或者娱乐项目比如过山车、恐怖屋等；定期测量血压；减少盐的摄入，减少脂肪和胆固醇摄入，食用健康的橄榄油；控制体重，做瑜伽；戒烟（包括二手烟）。
>
> 　　避免母族遗传的消化道癌症：减少腌制食物的摄入，不吃不卫生的食物；当肠胃不舒服的时候及时做胃肠镜摘取息肉，杀灭幽门螺旋杆菌；少吃红肉；避免久坐，积极治疗痔疮；爱护肝脏，不乱吃药物，多吃蔬菜；爱护胰脏，不能大吃大喝，戒酒。

二、根据天赋基因检测结果制定职业生涯规划表

天赋基因检测即通过测序、基因芯片等基因分型技术，将与天赋有关联的基因进行基因分型，再将分型结果与文献研究相应基因位点基因型的天赋描述进行匹配，评估受检者的天赋潜能，比如记忆力、专注力、快速反应能力、肌肉爆发力、肌肉耐力等。每个人的家族也会有许多优良基因：腿长，有爆发力，适合运动或者舞蹈；视力好，可以当飞行员；个子高，可以当篮球运动员。许多职业对先天遗传条件要求严苛，因此，因材施教、制定合适的职业发展规划是非常重要的。

第八章　做小手工模拟微观世界，学习分子生物学实验

分子生物学是在分子水平研究各种生物大分子的结构和功能，从而阐明生命现象本质的科学。自 20 世纪 50 年代以来，分子生物学是生物学的主要发展方向。其主要研究领域包括蛋白质体系、分子遗传学和生物膜。

（1）蛋白质体系的研究。蛋白质是生命活动的承担者，如构成机体结构、各种酶进行催化作用、蛋白质类激素进行调节等等。蛋白质的结构单位是氨基酸，常见的氨基酸有 20 种，它们以不同的顺序排列，为生命世界提供了各种各样的蛋白质。蛋白质分子结构的组织形式可分为四级结构。相邻的两个氨基酸通过氨基与羧基的脱水缩合反应形成肽键，通过肽键连成肽链，蛋白质分子中氨基酸的排列顺序便是一级结构；二级结构为肽链主链原子的局部空间排列；三级结构是二级结构在空间中进行盘曲、折叠形成的；有些蛋白质分子是由多个相同的或不同的亚单位组装成的，四级结构则是亚单位之间的相互关系。1965 年，我国科学家人工合成牛胰岛素，在蛋白质体系研究取得重大成果。

（2）分子遗传学研究。生物体的遗传特征主要由基因决定。绝大多数生物的基因由 DNA 构成，DNA 是双螺旋结构。基因需要通过"中心法则"在生命中表现出来，包括复制、转录（逆转录）和翻译等步骤。基因的表达过程离不开核酸与核酸、核酸与蛋白质的相互作用。分子遗传学研究便是围绕着基因和中心法则进行的基因表达调控研究，比如基因沉默、基因过量表达和转基因等等。

（3）生物膜的研究。生物体内普遍存在的膜结构，统称为生物膜，主要由脂质和蛋白质构成。1972 年提出的流动镶嵌模型概括了生物膜的基本特征。生物膜具有物质运输、能量转换和信息传递的作用。近些年来，生物膜上的通道蛋白、质子泵、感应系统与标识物等等成为研究的热点。

生物分子是亚显微结构，不是仅用光学显微镜就可以观察到的，因此在基础教育过程中开展分子生物学实验的难度非常大。但是如果使用模拟法，就能将复杂问题简单化。我们要学会将看不见的东西进行合理放大，来进行研究和猜测，这就是模拟法探究。在模拟法探究的基础上，我们再通过生物物理学的

方法来进行实践，比如电子显微镜的使用、X 射线晶体学等等。分子生物学是一个典型的交叉型学科。沃森和克里克之所以成功，一个重要的原因是二人一个是生物专家，另一个是物理专家，二人很快揭开了 DNA X 射线衍射图的秘密，提出了著名的 DNA 双螺旋结构，获得了诺贝尔奖。在本章，张老师会教大家用各种小工具（别针、彩纸等）来模拟分子生物学的实验，会非常有趣哦！

第一部分　蛋白质体系的实验探究

蛋白质分子的特定结构与其生理功能有着密切的关系，这是蛋白质之所以能表现出丰富多彩的生命活动的分子基础。对蛋白质分子进行结构分析是通过阐明其分子的三维结构来解释细胞的生理功能。发现和鉴定具有新功能的蛋白质是蛋白质研究的主要内容，例如基因调控蛋白、神经蛋白和免疫蛋白的研究目前很受重视。1912 年，英国科学家建立了 X 射线晶体学技术，成功地测定了一些蛋白质分子相当复杂的空间结构。20 世纪 70 年代末以来，采用测定互补 DNA 顺序反推蛋白质化学结构的方法，使氨基酸序列分析比较难的一些蛋白质的结构和生理功能分析得以实现。

一、氨基酸和肽键的分子模型构建

（1）使用球棍模型（图 8-1-1）进行 20 种氨基酸空间结构模拟。也可以使用废弃的药丸壳与铁丝构建模型。

（2）使用大小不同的彩色别针模拟氨基酸脱水缩合反应形成肽链，然后再盘曲、折叠，有些蛋白质还需由多条肽链形成的亚基组装构成。比较一下不同小组构建的蛋白质模型，它们一样吗？思考一下蛋白

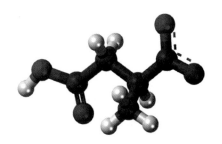

图 8-1-1　天冬氨酸球棍模型

质多样性的原因——氨基酸的种类不同、数目不同、空间结构不同以及存在亚基等，造成蛋白质的分子结构极其多样，这就是蛋白质种类多样的原因。

二、蛋白质的变性和析出实验

蛋白质变性时，空间结构发生变化，而氨基酸序列没有发生变化，导致理化

性质变化和生物活性丧失。

实验用品:蛋清、豆浆、牛奶、酒精灯、白醋、盐、石膏、试管。

实验步骤:

(1)蛋清放入试管中,用酒精灯加热,蛋清逐渐由液体变成固体。这是因为加热破坏了蛋白质的空间结构,蛋白质变性。而且高温造成的变性是永久性的,无法恢复,因此煮鸡蛋是孵不出小鸡的。高温消毒就是利用了蛋白质高温变性的原理来使细菌失活。

(2)豆浆煮沸后加入石膏,或者牛奶煮沸后加入白醋,我们都会发现出现许多白色的块状沉淀物。这是因为在酸性条件下或者是在离子的作用下,豆浆和牛奶中的蛋白质变性,空间结构变化,形成沉淀。如果我们用纱布将这些沉淀捞出,挤压并过滤掉其中的水分,就做成了豆腐和奶酪。

(3)将稀释过的蛋清加入饱和盐溶液,会发现出现白色絮状物,此时如果再加入清水,絮状物又会消失。这就是因为蛋白质是亲水性大分子,分子具有双电层结构。当加入盐时,盐溶解后会变成离子态,蛋白质的双电层结构被带电离子破坏,从而析出沉降。蛋白质析出后是可以复性的,而变性则无法恢复。

三、通过 cDNA 序列推算蛋白质氨基酸序列

蛋白质的合成是中心法则指导的:由 DNA 上的基因片段转录成 mRNA,mRNA 经剪接、修饰、加工后翻译成蛋白质。cDNA 是由 mRNA 逆转录获得的序列,去掉其尾部序列就是编码序列(coding sequence, CDS)。CDS 的序列与蛋白质序列完全对应的,我们通过密码子表就可以得到蛋白质的氨基酸序列。

例如:找到一段 CDS(ATGGTGGGTGGCAAGAAGAAAACCAAGATATGTGACAAAGTGTCACATGA),T 转换为 U 之后,按照密码子表就可以翻译出氨基酸序列:甲硫氨酸—缬氨酸—甘氨酸—甘氨酸—赖氨酸—赖氨酸……

大家一定觉得这样非常费眼,还容易看错,那怎么办呢?请下载安装 Gene Tool Lite,将 CDS 复制、粘贴后,使用分析序列中 translate(翻译)这个功能就能很快获得所对应的氨基酸序列,大大方便我们的工作和学习。

四、蛋白质凝胶电泳实验

蛋白质凝胶电泳一般采用聚丙烯酰胺凝胶。聚丙烯酰胺凝胶是由单体丙烯酰胺和交联剂在加速剂和催化剂的作用下聚合交联成三维网状结构的凝胶。聚丙烯酰胺凝胶电泳就是以此凝胶为支持物的电泳,可用于蛋白质等生物大分

子的分离、定性、定量及少量的制备，还可测定相对分子质量、等电点等。

实验用品:蛋白质样品、聚丙烯酰胺凝胶电泳试剂盒、电泳仪、电泳槽、进样针。

实验步骤:

(1)蛋白质变性处理:蛋白质样品按体积比 1∶1 与 2×SDS 凝胶加样缓冲液混合，100℃加热 3 min，使蛋白质变性。取出变性蛋白质，立即放于冰上。如有沉淀，以 10 000g 的转速将样本 4℃离心 10 min，将上清液移至另一管中，去除沉淀物。

(2)按照试剂盒说明制作聚丙烯酰胺凝胶。

(3)加样:用玻璃微量进样器按顺序加样，注意沿加样孔底上样，防止样品漂走。加样量不宜过多或过少，一般以 15～20 μL 为宜。

(4)用注射器排出两块玻璃板底部的气泡，将电泳装置接通电源(正极接下槽，负极接上槽)，凝胶上所加电压为 8 V/cm。当溴酚蓝前沿进入分离胶后，电压可提高到 15 V/cm，继续电泳直至溴酚蓝到达分离胶底部(约需 4 h)，关闭电源。

(5)从电泳装置上卸下玻璃板，放入一瓷盘中。用注射器吸取若干毫升电泳缓冲液，将针头插入玻璃板与凝胶之间，小心不要将凝胶刺破，沿玻璃板从左至右注入电泳缓冲液，将玻璃板与凝胶分开。靠近左边切去一角以标明凝胶的位置。

(6)如不需做免疫检测，可直接用考马斯亮蓝染色并且观察(图 8-1-2)。

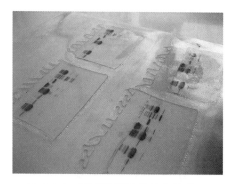

图 8-1-2　聚丙烯酰胺凝胶电泳结果

> **温馨小贴士**
>
> 分子实验所使用的凝胶大多具有毒性，比如聚丙烯酰胺凝胶有神经毒性，琼脂糖凝胶电泳所用的溴化乙啶染色剂能够致癌，因此一定要在学校专门的实验室中进行操作，穿好防护服，戴好手套、口罩和护目镜。

五、细胞蛋白质分离纯化提取实验

实验用品：细胞组织样品、蛋白质层析柱、蛋白质提取试剂盒。

实验步骤：

（1）材料的预处理及细胞破碎。分离提纯某一种蛋白质时，先要把蛋白质从组织或细胞中释放出来并保持其天然状态，不丧失活性，所以要采用适当的方法将组织和细胞破碎。常用的破碎组织细胞的方法有以下几种：机械破碎法，常用设备有高速组织捣碎机、匀浆器、研钵等；渗透破碎法，在低渗条件使细胞溶胀而破碎；反复冻融法，生物组织经冻结后，细胞内液结冰膨胀而使细胞胀破，这种方法简单方便，但对于对温度变化敏感的蛋白质不宜采用此法；液氮法，使用液氮的低温瞬间将细胞粉碎，是目前研究机构最常使用的方法。

（2）蛋白质的抽提。通常选择适当的缓冲液把蛋白质提取出来。抽提所用缓冲液的 pH、离子强度、成分等条件的选择应根据欲制备的蛋白质的性质而定。如膜蛋白的抽提，抽提缓冲液中一般要加入表面活性剂（十二烷基磺酸钠、Triton X-100 等），使膜结构破坏，利于蛋白质与膜分离。在抽提过程中，应注意温度，避免剧烈搅拌等，以防止蛋白质的变性。

（3）蛋白质粗制品的获得。选用适当的方法将所要的蛋白质与其他杂蛋白分离开来。比较常用的有效方法是根据蛋白质的等电点、溶解度的差异进行分离：等电点沉淀法，不同蛋白质的等电点不同，可用等电点沉淀法使它们相互分离；盐析法，不同蛋白质盐析所需要的盐饱和度不同，所以可通过调节盐浓度将目的蛋白沉淀析出，被盐析沉淀下来的蛋白质仍保持其天然性质，并能再度溶解而不变性；有机溶剂沉淀法，中性有机溶剂如乙醇、丙酮的介电常数比水低，能使大多数球状蛋白质在水溶液中的溶解度降低，进而从溶液中沉淀出来，因此可用来沉淀蛋白质。

（4）蛋白质样品的进一步分离纯化。用上述方法所得到的蛋白质一般含有杂质，须进一步分离提纯才能得到有一定纯度的样品。常用的纯化方法就是蛋白质层析，如吸附柱层析、凝胶过滤层析、离子交换层析、亲和层析等等。基础教育实验用到的层析一般是吸附柱层析或凝胶过滤层析。吸附柱层析是以固体吸附剂为固定相，以有机溶剂或缓冲液为流动相构成柱的一种层析方法。凝胶过滤层析又叫分子筛层析，其原理是凝胶具有网状结构，小分子物质能进入其内部，而大分子物质却被排除在外部。当一混合溶液通过凝胶过滤层析柱时，溶液中的物质就被不同分子量筛分开了。

第二部分　分子遗传学的实验探究

分子遗传学实验是围绕中心法则进行的实验，包括 DNA 的提取、RNA 的提取、DNA 的复制 PCR 反应、逆转录反应等等。此外还有各种人工改变基因的实验，比如沉默基因、过量表达基因、转基因等等。这些实验完全在基础教育中开设是不现实的，因此我们主要使用模拟法来进行，帮助同学们理解抽象的知识。

一、核苷酸、DNA 双螺旋结构、各种 RNA 的模型制作

（1）使用各色硬彩纸，制作核苷酸的磷酸基、五碳糖、碱基，用订书机连接，注意：A 与 T 之间有 2 个氢键，G 与 C 之间有 3 个氢键。

（2）使用较为柔软的彩纸，裁成梯子的形状，标明碱基，轻轻扭转形成 DNA 双螺旋结构（图 8-2-1）。

图 8-2-1　DNA 双螺旋结构模型

（3）使用彩色硬质磁力板，用美工刀刻出 tRNA 和 mRNA 的形态，标明碱基序列，吸在铁质白板上，可模拟翻译过程。

二、中心法则的模拟

采用球棍模型进行 DNA 复制和转录的模拟，可以使用彩色纸条来理解赫尔希和蔡斯放射性同位素标记噬菌体侵染实验。翻译的过程可以采用挂图模型的制作方法，核糖体与 tRNA 都可以做成移动的，来还原翻译过程。

三、基因工程——限制酶切与载体构建的模拟

准备两个带碱基序列的环状 DNA 纸条，两张链状 DNA 纸条，分别代表载体和目的基因。每个基因上面有多个酶切位点。首先设计酶切位点，用剪刀动手模拟限制酶切，得到酶切后的载体和目的基因，使用胶带模拟 DNA 连接酶，将酶切位点连接好。思考：此时我们得到的目的基因和载体是否能够成功连接？如果将多个限制酶切后的载体与目的基因混合后，加入 DNA 连接酶，体系中可能有哪些连接产物？这些产物都是我们想要的插入目的基因的载体吗？

怎样将它们区别开来?

四、细胞基因组 DNA 提取

由于基础教育过程中实验室的条件相对简陋并且实验课时相对短缺,所以在基础教育过程中做分子实验应尽量选用试剂盒,提高效率和成功率。DNA提取试剂盒是根据氯化苄法构建的,能够从植物样本中提取基因组 DNA。氯化苄具有将含有纤维素等的细胞壁中的羟基苄基化,从而破坏细胞壁的特性。将植物样品冻融后,使用移液器吸头尖端将植物样品在样品管壁上按压数次即可破坏细胞壁。本法与传统方法相比,省去了液氮研磨等烦琐步骤,有利于一次性处理大量样品。实验过程得到改良,热处理时间只需 15 min,从实验开始至水相回收只需 30 min。得到的基因组 DNA 可以直接进行 PCR 扩增及限制酶处理等。

五、PCR 技术与 DNA 电泳

PCR 仪(图 8-2-2)实际就是一个温控设备,能在变性温度、复性温度、延伸温度之间很好地进行控制。DNA 在体外 95℃ 高温时会变性变成单链,退火到低温(60℃ 左右)时,引物与单链按碱基互补配对的原则结合,再在 DNA 聚合酶最适反应温度(72℃ 左右)下,DNA 聚合酶沿着 5'—3' 的方向合成互补链。20 世纪 80 年代,美国生物学家穆利斯发明了聚合酶链反应,意味着 PCR 技术的真正诞生。1976 年,中国科学家

图 8-2-2　PCR 仪

钱嘉韵发现了稳定的 Taq DNA 聚合酶,使 PCR 技术能够普遍进行。本实验可采用 PCR 试剂盒,按照说明加入 10×扩增缓冲液、4 种 dNTP 混合物、引物、模板 DNA、Taq DNA 聚合酶、Mg^{2+},补加双蒸水凑齐体系。PCR 中最为困难的一步是引物的设计,将直接决定能否得到目的基因。

引物设计的基本原则:引物长度为 15~30 bp,常用为 20 bp 左右;引物碱基 G 与 C 的总含量以 40%~60% 为宜;4 种碱基最好随机分布,避免 5 个以上的嘌呤或嘧啶核苷酸的成串排列;引物内部不应出现互补序列;一对引物之间不应存在互补序列,尤其是避免 3' 端的互补重叠;引物与非特异扩增区序列的相似度不要超过 70%;引物 3' 端的碱基,特别是最末及倒数第二个碱基,应严格

要求配对，最佳选择是 G 和 C。

DNA 分子提取后，经过 PCR 扩增，需要通过电泳技术来检测产物的数量和质量。一般使用琼脂糖凝胶电泳，即按相对分子质量大小分离 DNA 的凝胶电泳技术，它能够分离、鉴定和纯化 DNA 片段。我们仍然使用试剂盒中的试剂进行操作，按照相关步骤配好凝胶，加入染色剂染色，在缓冲溶液中进行电泳。核酸分子本身携带负电荷，会向正极的方向迁移。记得加 DNA Marker，最终才能找到目的基因。电泳结束后，还可以切胶回收目的 DNA。

温馨小贴士

同学们是不是觉得手工写一段碱基序列很麻烦？尤其是找酶切位点的时候，眼睛都快花了。真正的基因都是几百个碱基甚至上千个碱基组成的序列，用计算机技术帮助我们记录并且分析碱基序列，会大大提高效率。设计引物、找酶切位点最为常用的软件是由加拿大的 Premier 公司开发的 Primer Premier。其主界面分为引物设计窗口（Primer Design）、序列编辑窗口（Genetank）、纹基分析窗口（Motif）和酶切分析窗口（Restriction Sites）。此外，由基因组文库做成的芯片探针可以估计物种之间的基因相似度。

第三部分　生物膜的探究

一、磷脂双分子层流动镶嵌模型的构建

实验用品：铁丝、牙签、乒乓球、彩纸、橡皮泥、"假水"玩具。

实验步骤：

（1）制作磷脂分子（具有一个亲水的头部和两条疏水的"尾巴"）。

（2）制作蛋白质分子：蛋白质分子有各种形态，有漂浮在表面的，也有镶嵌或者贯穿整个磷脂双分子层的。

（3）组装流动镶嵌模型：用铁丝将磷脂固定成磷脂双分子层，将蛋白质镶嵌其中，此外可以使用"假水"模拟流动的膜结构，其中可以嵌入各色塑料颗粒代替膜上的蛋白质，体会蛋白质在膜上的运动和功能（图 8-3-1）。

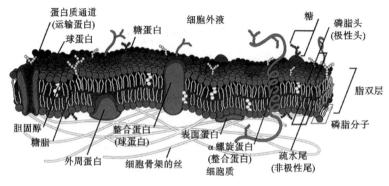

图 8-3-1   细胞膜结构

二、简易细胞膜的提取

实验用品:鸡蛋 4 只、400 目过滤筛 1 只、大烧杯 2 只。

实验步骤:将鸡蛋蛋黄与蛋白分离,蛋白不用,蛋黄就是一个卵细胞。将蛋黄放入过滤筛中,加入清水,轻轻搅动,将蛋黄中的细胞质等析出,过滤到烧杯中,细胞膜附着在过滤筛中。用清水将细胞膜冲入另一只烧杯中,可使用蛋白质特异性染料进行染色并显微镜观察。

三、排演小型话剧模拟各种膜系统的功能

20 名同学扮演磷脂双分子层,背后贴上亲水基团标签,双手代表疏水基团,并排站成两列,每两名同学面对面,手拉手形成磷脂双分子层。数名名同学代表蛋白质,比如水通道蛋白、ATP 合成酶、光合作用蛋白、分泌蛋白、抗体蛋白等等,分别模拟膜系统的运输、能量转化、分泌、免疫等功能。

第九章　有个玻璃缸就可以做的生态学实验

　　"Ecology(生态学)"一词是德国科学家恩斯特 1866 年提出的。生态学成为一门科学是在 19 世纪末。它是研究生物与其周围环境相互关系的科学。生态学的发展大致可分为萌芽期、形成期和发展期三个阶段。

　　(1)萌芽期:古人在长期"看天吃饭"的农、牧、渔、猎生产中积累了朴素的生态学知识,比如公元前 4 世纪古希腊亚里士多德曾粗略描述动物按栖居地分为陆栖和水栖。其学生提奥夫拉斯图斯在其著作中已提出类似今日植物群落的概念。公元 1 世纪古罗马老普林尼著《自然史》、6 世纪中国农学家贾思勰著《齐民要术》、桑基鱼田与中国二十四节气有关农时制定等均体现了素朴的生态学观点。

　　(2)形成期:15 世纪,瑞典博物学家林奈首先把物候学、生态学和地理学观点结合起来;法国博物学家布丰强调生物变异基于环境的影响。19 世纪前后,生态学进一步发展。在这一时期,人们确定了一般植物的发育起点温度为 5℃,并绘制了动物的温度发育曲线,提出了"光时度"指标与植物发育的效应等。1798 年,马尔萨斯的著作《人口论》受到广泛的关注。1833 年,费尔哈斯把生态学引入数学,用统计学方法提出了著名的逻辑斯谛曲线。1851 年,达尔文在《物种起源》中提出"自然选择学说"——生物进化是生物与环境交互作用的结果。到 20 世纪 40 年代,生态学的基本概念如生态位、生物量、食物链、生态系统等均已定义,生态学已基本成为一门独立的学科。

　　(3)发展期:20 世纪 50 年代以来,生态学吸收了数学、物理、化学工程技术的等科学的研究成果,逐渐向多层次的综合研究发展,分有宏观生态学和微观生态学;与其他某些学科的交叉研究日益显著,出现了农业生态学、环境生态学、生态信息学、医学生态学、城市生态学、工业资源生态学、环境保护生态学、景观生态学、生态保育生态系统服务等。生态学已经成为生物学和其他科学、工程、技术联系最为紧密的科学,应用也是最为广泛的。美国生物圈 2 号实验的失败,证明目前人类不能够脱离地球生物圈生存,因此保护好地球生态环境是关系到人类生死存亡的头等大事。

生态学实验分为个体生态学、种群生态学、群落生态学、生态系统生态学等。

生态学实验设计的目的：培养学生促进人与自然和谐发展的观念，建立可持续发展观点，具有生态伦理道德观，倡导适可而止、持续、健康的消费观。人类只有一个地球，保护环境生态就是保护人类的生存与发展。

张老师认为，生态学实验是研究生物其周围环境的学科，从小学到高中的教材中都有涉及，尤其是高中选修二，整册书都讲生态学内容，是高考必考内容。开设生态学实验需要准备一只玻璃缸，可以人为控制生物种类、数量和外部环境，学会生态学实验，你就可以自己制作一个小盆景，帮助父母设计一个美丽的小花园，还可以帮助学校或者社区设计园林景观等。快和张老师一起来做生态学实验吧！

第一部分 个体生态学

个体生态学是研究生物个体与其环境因子之间关系的科学，侧重研究生物个体对某些环境因子的生态适应，包括生理调节、生长发育等适应机制。

一、探究淡水鱼类对温度、盐度的耐受性

实验用品：小鲤鱼、小鲫鱼、小草鱼、温度计、加热棒、若干个玻璃缸、盐。

（一）观察不同淡水鱼类对高温和低温的耐受能力

实验步骤：

(1)建立环境温度梯度，分别为 5℃、25℃、45℃。

(2)将小鲤鱼、小鲫鱼、小草鱼各 6 条分成一组，分别在 5℃、25℃ 和 45℃ 水温中。从 30 min 开始观察行为：如果正常，则继续观察；如有异常，则观察在该温度条件下鱼类死亡数达到 50% 时所需要的时间。

将动物放入低温或者高温环境中后，如果动物 5 min 内出现死亡，说明温度过低或过高，应适当提高或降低 2~3℃ 再观测。

(3)将各种鱼类在出现死亡的温度条件下的死亡率随时间的变化记录在表 9-1-1 中。

表 9-1-1　极端温度下不同鱼类死亡率随时间的变化

物种	5℃下随时间的死亡率/%			45℃下随时间的死亡率/%		
	30 min	60 min	90 min	30 min	60 min	90 min

(二)观察不同淡水鱼类对盐度的耐受能力

实验步骤：

(1)建立盐度梯度(10、20、30、40)。

(2)将小鲤鱼、小鲫鱼、小草鱼各 6 条分成一组,分别放入 10、20、30、40 的盐度环境中,30 min 后观察其行为:如果正常,则停止观察;如有异常,则继续观察在该条件下动物死亡数达到 50% 时所需要的时间。

(3)将鱼类在各盐度条件的死亡率随时间的变化记录下来,制成表格。

二、观察昆虫保护色的作用

实验用品：青蛙、蝈蝈、大玻璃缸、绿色纸、白纸。

实验步骤：将玻璃缸四周和底部都用绿色纸包起来,放入 10 只绿色的蝈蝈,把一只饥饿的青蛙放入玻璃缸中,开始计时并记录 15 min 内青蛙的捕食时间。之后再用白纸将玻璃缸包住,同样放入 10 只绿色的蝈蝈,将另一只饥饿的青蛙放入玻璃缸中,开始计时并记录 15 min 内青蛙的捕食时间。将实验数据记录在表 9-1-2 中。比较以上数据,你能得到什么结论?

表 9-1-2　捕食时间

捕食时间	第1只	第2只	第3只	第4只	第5只	第6只	第7只	第8只	第9只	第10只
绿色										
白色										

三、环境对生物体色的影响

实验用品：青蛙、玻璃缸、纱布、黑色纸、绿色纸。

实验步骤：

(1)将 3 只玻璃缸分别编号为 1、2、3 号，1 号用黑色纸包好，2 号用绿色纸包好，3 号当作对照组。每只缸底部加一层清水，挑选 9 只体色和大小相近的青蛙，每缸分别放入 3 只进行实验。3 只缸用纱布蒙住，避免直射光照射，放在通风良好的地方，按需投喂。

(2)3 d 后，注意观察 1～3 号瓶内的青蛙体色发生了什么变化。

一般说来，1 号瓶中的青蛙颜色偏黑，2 号瓶的则偏绿，3 号瓶的没有什么变化，仍然是野生状态的黄色。生物对于它生活的环境都有一定程度上的适应，这是保护色适应。保护色适应可以帮助动物更容易获得食物和逃避敌害，有利于生存。细心观察自然界中的青蛙，在水草较为丰美的池塘中一般呈现绿色，在水草较少、水质较差的情况下呈土褐色。自然界中还有许多动物具有保护色，比如变色龙、斗鱼等等。

四、模拟保护色的形成过程，思考生物进化的原因

实验用品：彩色卡纸若干、彩色小纸片 100 张(5 种颜色，各 20 张)。

实验步骤：将彩色小纸片放在彩色卡纸上，有一种小纸片颜色与卡纸相同。三人一组，一人记录，两人扮演"捕食者"，"猎物"是小纸片。每次"捕食"30 s 后，统计"幸存者"的颜色、数目。重复实验，将数据记录在表 9-1-3 中。

表 9-1-3　模拟保护色的形成数据记录表

纸片的颜色	第一代		第二代		第三代	
	开始数目	幸存数目	开始数目	幸存数目	开始数目	幸存数目
蓝色						
橙色						
绿色						
黄色						
红色						

由于与环境颜色相近的变异个体较容易躲避天敌存活下来，通过一代代积累环境的优胜劣汰效应，从而形成生物的保护色。

五、观察树木年轮，推测当地的气候变化

实验用品:树木的茎的横断面标本（图 9-1-1）、放大镜、铅笔、尺子、当地历年气候表。

图 9-1-1　年轮

实验步骤:首先找到年轮中心，即第一年对应的位置，用放大镜按照同心圆开始观察。每一个同心圆代表一年，较为疏松、色浅的部位是春夏两季生长的，致密、色深的部位是仲夏秋季生长的。有些同心圆比较宽，则证明当年气候条件好，雨量充沛;如果遇到灾害气候，当年的年轮则较为窄。树木的形成层在韧皮部，即树皮的部位，而形成层每年分裂的细胞就会木质化变成年轮。根据年轮的宽窄来推测气候，然后查阅当地历年气候记录，检验自己的推测是否正确。

六、饲养水螅进行水质检测

实验用品:水螅（图 9-1-2）、金鱼藻、螺蛳、玻璃缸、pH 计、吸管、LED 灯管、广口瓶等。

1 mm

图 9-1-2　水螅

实验步骤:

(1)准备饲养水螅的玻璃缸，将自来水晒一个周，pH 调至 7.5 左右，投入金鱼藻，人工灯光 24 h 照射。

(2)把水螅投入玻璃缸内，同时再放几只螺蛳于缸中，抑制金鱼藻的过度生长。每周投喂两次水蚤。

(3)采集水样:用数个大广口瓶从生活区下水道、工厂排污口、池塘、河流等地取水样，带回实验室。

(4)稀释水样：将不同地区的水样分别稀释 2、4、6、8、10 倍。

(5)投入水螅，观察水螅的生活状态并且记录。水螅对水质的污染敏感度极高，重金属离子超标很明显地影响水螅生活。如果水螅在稀释样品中生活得很好，证明水质得到很好的处理，没有污染，排放无忧；如果水螅很快死亡，则证明水质有污染，不应当随意排放，请与当地环保部门联系。

七、绘制生物气候图，比较气候差异

气候和土壤条件决定某一地区植被的类型。其中气候条件尤为重要，特别是水、热组合状况在决定植被类型中起着重要作用。生物气候图主要是用月平均气温和月平均降水量的匹配关系来表示生物气候类型，能较好地反映水、热二者综合的气候特点，是目前解释植被分布规律的一种比较理想的方法。

实验用品：当地近年来气象站台的逐月年平均降水量和年坐标纸、平均温度资料、铅笔、橡皮、直尺。

实验步骤：

(1)坐标轴刻度的确定：按 $P=2T$ 分别建立两条纵轴(右降水，左温度)的坐标刻度值，每个刻度的大小视站点逐月平均气温和平均降水量的具体数值大小而定，如月平均降水量温度曲线 1 格等于 10℃，则月平均降水刻度 1 格等于 20 mm。若月平均降水量超过 100 mm，则刻度单位缩小 1/10。以两条均分为 12 段来代表 12 个月的平行直线作为横坐标，并从左至右依次标出 1 月至 12 月。

(2)生物气候图的绘制：根据上述确定的坐标体系以及计算出来的逐月年降水量和逐月年平均温度，在坐标纸上绘制年平均降水量曲线和年平均温度曲线并标定图示；在降水曲线与温度曲线相交的区域填充不同的标示符。如果温度曲线在上，降水曲线在下，两者之间的区域表示干旱期，将此区域用小黑点填充；如果温度曲线在下，降水曲线在上，两者间的区域表示湿润期，将此区域用细黑竖线填充。月平均降水量超过 100 mm 的区域用黑色填充。在降水轴的上方，标明该站点的年均温度和年均降水量；在温度轴的上方，标明该站点的海拔高度和经纬度，并在温度轴的上方外侧，标出绝对最高温度。在温度轴与横轴相交处的外侧，标出绝对最低温度。在双线轴线上将最低日均温度低于 0℃ 的月份用黑色填充。将能够出现低于 0℃ 的月份用斜线条填充。

(3)实验结果分析：青岛位于北纬 36°04′，东经 120°23′，平均海拔 6 m，年平均气温 12.7℃，最高气温 37.4℃，最低气温 −14.3℃，年平均降水 662.1 mm。年平均气温较高，超过 10℃；全年降水线位于气温线上，属于湿润气候，7、8 月降

水量达到最大,冬季气温下降,处于干燥期。因此得出,青岛是典型的温带海洋性气候。

八、模拟酸雨对生物个体的影响

实验用品:稀硫酸、绿叶植物、试管、喷壶。

实验步骤:

将硫酸稀释成梯度浓度,制成模拟酸雨,然后将模拟酸雨喷洒到几组植物上,每周喷洒一次,记录植物的生长情况。

第二部分　种群生态学

种群生态学包括种群数量大小的估算方法,例如样方法、标志重捕法;种群数量的变化规律,例如 J 型曲线和 S 型曲线;种群间及种群内相互作用的模拟实验,如竞争、捕食、共生等;通过调查种群年龄结构和性别比例来预测种群发展趋势;等等。

一、利用样方法估计种群数量大小

实验用品:卷尺、记录本、一片草地、相机、白粉。

实验步骤:

(1)一般采取五点取样法(图 9-2-1),如果是狭长地带可以用等距取样法。用白粉在草地上画出 5 个方框,每个 1 m²。

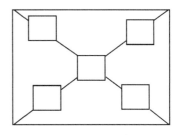

图 9-2-1　五点取样法示意图

(2)清点每块草地中蒲公英的数目并记录。

(3)用蒲公英总数除以 5 得到这块草地上蒲公英种群的密度。

二、标志重捕法的模拟实验

对于活动能力强的动物,常用标志重捕法来调查其种群密度。在被调查种群的活动范围内,捕获一部分个体,将这些个体进行标志后放回原来的环境,经过一段时间后进行重捕,根据重捕中标志个体占总捕获数的比例来估计种群密度。

实验用品：大小、质地相同的绿豆一包、红豆 80 粒，大小烧杯各一个。

实验步骤：

(1)把一包绿豆放入大烧杯中，从中取出 80 粒，将 80 粒红豆放入大烧杯中，混合均匀。

(2)从大烧杯中随机抓取一把豆子放入小烧杯中，数一数小烧杯中豆子的总数(设为 a)和其中红豆的数量(设为 b)。数完后将小烧杯中的豆子倒回大烧杯。重复 3 次，并统计结果，计算平均值。将数据填入表 9-2-1。

(3)设原大烧杯中绿豆的总数为 x。按照 $a/b = x/80$ 来估计大烧杯中绿豆的数目。最后通过绿豆重量来核算所得 x 是否准确。

表 9-2-1

次数	a	b	x
1			
2			
3			
平均值			

三、调查种群的年龄结构和性别比例，预测种群的未来变化趋势

调查一个种群的年龄结构。如果幼年、成年个体数多，而老年个体数少，那么未来种群会增长；反之，如果老年多于幼年和成年，这个群体未来会出现负增长，甚至灭亡。当种群中育龄雌性的个体数目多时，种群会出现增长；而育龄雌性如果过少，种群将面临减少甚至灭绝的危险。

温馨小贴士

20 世纪 90 年代以来，我国人口的老龄化进程加快。1990—2000 年，65 岁及以上老年人口占总人口的比例由 5.57% 上升为 6.96%。预计到 2040 年，65 岁以上老年人口比例将超过 20%。伴随老龄化的一系列问题是养老医疗问题突出、低生育率、青壮年劳动力减少以及经济发展中的人口红利消失等等。我国政府高度重视人口老龄化问题，制定了《"十四五"国家老龄事业发展和养老服务体系规划》等，颁布了《中华人民共和国老年人权益保障法》，把人口老龄化明确纳入了经济社会发展的总体规划和可持续发展战略。

四、种内和种间关系对种群数量影响的模拟实验

实验用品：铅笔、绘图纸、动物小粘贴。

实验步骤：同学们分组模拟种内互助、种内斗争，种间共生、寄生、竞争、捕食的关系（表 9-2-2），根据种内、种间关系的区别来推测未来种群数量的变化，并且绘制曲线图。

表 9-2-2　种内、种间关系

类型		数量坐标图	能量关系图	特点	举例
种内关系	种内互助		A⇄A	同种个体之间相互协调、互惠互利的一系列行为特征。有利于取食、防御和生存	成群的牛可以有效地对付狼群的攻击等
	种内斗争		C→A / C→A	同种个体之间由于食物、栖息地、寻找配偶或其他生活条件的矛盾而发生斗争的现象	雄猴间为食物而打架
种间关系	互利共生		A⇄B	相互依赖，彼此有利；如果彼此分开，则双方或者一方不能独立生存。数量上两种生物同时增加，同时减少，呈现出"同生共死"的同步性变化	大豆与根瘤菌
	寄生		A→B A+B	对宿主有害，对寄生生物有利；如果分开，则寄生生物难以单独生存，而宿主会生活得更好	蛔虫与人
	竞争		C→A / C→B	C代表共同的生活条件，结局有三个：①两种群个体间形成平衡；②A取代B；③二者在空间、食性、活动时间上产生生态位的分离	牛与羊、农作物与杂草
	捕食		A→B	一种生物以另一种生物为食，数量上呈现出"先增加者先减少，后增加者后减少"的不同步变化。A与B起点不相同，两种生物数量（能量）存在差异，分别位于不同的营养级	狼与兔、青蛙与昆虫

五、植物种间竞争关系的实验

实验用品：桂花苗两株、三叶草种子若干、花盆两个。

实验步骤：将两株大小基本相同的桂花苗分别种在两个花盆中，一个盆中撒入三叶草种子，一个不撒，过两三个月再观察：哪株桂花苗长得苗壮？思考这种差异的原因，以及在实践当中怎样应用。

六、种群生长速率的测定：种群增长 J 型曲线和 S 型曲线的探究

(一)使用酵母菌作为研究材料

挑取不同的酵母菌单菌落，在 SD 液体培养基中，30℃、180 r/min 生长 48 h，分别从起始浓度开始，每隔 8 h 用紫外分光广度计测量 OD 值，一般在 48 h 酵母菌生长到对数期。将数据记录下来，形成 S 型曲线。如果没有紫外分光光度计，可以使用血细胞计数板进行计数。

(二)玻璃缸种植浮萍来进行生长速率测定

利用浮萍具有浮动、平铺水面的特点，在长方形的玻璃缸中种植浮萍，定期将浮萍推动到玻璃缸一侧，用尺子测量出浮萍的总面积，根据浮萍面积的增加来测定生长速率。直到长满整个玻璃缸水面，浮萍就不会再增长了，生长速率呈现 S 型曲线。

(三)苹果螺的生长速率测定

利用苹果螺(图 9-2-2)易繁殖的特点，在一只玻璃缸中投放一对苹果螺，投放充足的水草喂养，定期清点苹果螺的数量，会呈现 J 型曲线。

图 9-2-2　苹果螺

第三部分　群落生态学

群落生态学实验以调查植物群落为主，包含植物群落的内部环境、群落结构、生物多样性、环境对群落分布的影响、群落过渡带、排序与分类以及测定植物群落初级生产力高低。本部分实验以野外考察为主。

植物群落物种多样性的测定。

实验用品：样方测绳（100 m）、皮尺（50 m）、卷尺、测高仪、GPS、海拔仪、计算器、标本夹等。

设计 3 个野外群落调查统计表，如表 9-3-1～表 9-3-3。

表 9-3-1　森林群落样地标本情况调查表

调查者：	样方号：		日期：	
植物群落型：				
地理位置	纬度：	经度：		海拔：
地貌：		土壤类型：		
坡向：	坡度：		地形：	坡位：
群落内地质情况：		人类及动物活动情况：		

表 9-3-2　森林群落样方乔木层调查表

乔木层：　　　　　　　样方面积：　　　　　　　总郁闭度：

树种名称	株数	胸径/cm	高度/m	郁闭度
1				
2				
3				
4				
……				

表 9-3-3　森林群落样方灌草层调查表

灌草层：　　　　　　　样方面积：　　　　　　　总盖度：

树种名称	多度	盖度	平均高度/cm
1			
2			
3			
4			
……			

实验步骤:

(1)样地的选择。样地是指能够反映植物群落基本特征的一定地段。样地的选择标准是各类成分的分布要均匀一致;群落结构要完整,层次要分明;生境条件要一致(尤其是地形和土壤),选择最能反映该群落生境特点的地段;样地要设在群落中心的典型部分,避免选在两个类型的过渡地带;样地要有显著的实物标记,以便明确观察范围。在符合上述 5 个选择标准的基础上确定样地,并将样地基本情况记入表 9-3-1 中。

(2)群落类型及样方大小的选择。在野外选择一个天然次生落叶阔叶林群落,按样地的选择标准选择样地。可采用样方面积为 10 m×10 m,并将 10 m×10 m 的样方划分为 5 m×5 m 的 4 个小样方。

(3)群落内各数量指标的调查。

乔木层数据调查:在每个 5 m×5 m 的小样方内识别乔木层树种数目,目测出样方的总郁闭度。然后统计每个树种的株数,测量胸径、树高以及目测每个树种的郁闭度。将数据记录到表 9-3-2 中。

灌草层数据的调查:在同样的 5 m×5 m 的小样方内识别灌木层中的物种数目,目测每个灌木种类的盖度、平均高度以及多度。在 10 m×10 m 的样方中随机选取 5 个 1 m×1 m 的草本植物样方,然后进行草本层每个植物物种的盖度、平均高度以及多度的调查。将数据填入表 9-3-3 中。

温馨小贴士

生物统计学是生物数学中最早形成的一大分支,它是在用统计学的原理和方法研究生物学的客观现象及问题的过程中形成的,概率、数列、矩阵等数学知识广泛运用其中。张老师对同学们的提示就是,如果想从事生态学研究,必须学好数学知识,培养严谨、清晰的思路和良好的工作习惯。

第四部分　生态系统生态学

本部分实验主要是研究环保问题,比如雾霾、水污染、大气污染等等。通过学习,学生们可以掌握生态系统四要素(无机环境、生产者、消费者、分解者)之间的能量流动和物质循环关系，认识到生态学能帮助人们解决许多环境问题和资源可持续发展问题。

一、建设生态缸模拟生态系统

实验用品： 新式生态缸的实验分为三种生态类型：水生生态缸、水陆生态缸、陆地生态缸（图9-4-1）。为维持生态平衡还可以引入水质和土壤的监测，使用电子采集器对水中溶解氧、pH、水温、电导率进行测量，来定量分析生态缸中的水质变化。常规生态缸尽量选择杂食性的非凶猛性小

图 9-4-1　陆地生态缸

鱼（易存活）、小虾（可吃水草和尸体）、水草（尽量避免生长过快的品种）、水蚤、池泥、河沙、石子、螺蛳等，尽量还原自然界生态系统。水陆型生态缸还应该有苔藓、小草，陆地型生态缸还应该有各种陆地植物、蚯蚓、蚂蚁等。生态缸不易过大或者过小，长、宽、高相加为 1 m 左右最好。还应该有灯光、加氧棒、过滤器和恒温加热棒。

实验步骤：

（1）建立生态缸：按照设计想法建立生态缸，可做全封闭生态缸，也可做开放性生态缸。张老师建议做开放性生态缸，因为开放式的更容易获得稳定，如果建立得好的话可维持半年以上。同学间可以进行比赛，看谁的生态缸更为稳定，持续时间更长。

（2）记录数据：每日观察生态缸，清点动植物数量，观察动植物状态，记录水的溶解氧含量、pH、温度、电导率等等（表 9-4-1）。当生态系统崩溃时，要思考原因。

（3）实验结果分析：一般来说，当生态缸中的某一种生态因子出现剧烈变化的时候，生态系统就会随之崩溃，例如小鱼全部死亡、某一种水草数量暴增、水体含氧量下降等等。因此，生态系统的稳定性依赖于生态系统中无机环境、生产者、消费者、分解者各个因素之间的能量流动和物质循环的平衡。

表 9-4-1   生态缸实验数据记录表

项目	周次			
	一	二	三	四
温度/℃	17.1	17.2	17.0	16.8
pH	8.35	8.10	7.87	7.80
溶解氧/(mg/L)	8.43	8.58	8.36	8.16
电导率/(ms/cm)	0.654	0.681	0.688	0.729
动物情况	小鱼与小虾生活良好	小鱼死亡一条，小虾正在吃尸体	小虾少两只	只剩一条鱼，无虾
植物情况	良好	良好	有部分发黄	整体生长良好,茂盛

二、有机物对水源污染的实验分析

实验用品:洗碗水、较脏臭的池塘水、自来水等不同水样,三角瓶,量筒,滴管,标签,0.05%亚甲蓝水溶液。

实验步骤:

(1)取 3 只三角瓶,分别标上 A、B、C。

(2)将不同水样各加 50 mL 在三角瓶中,然后在 3 只三角瓶中各滴加 20 滴亚甲蓝水溶液,这时 3 只三角瓶内的水样都呈蓝色。

(3)每间隔 10 min 观察一次,持续 1 h,把观察的情况记录下来。好氧细菌会作用于亚甲蓝,使它从蓝色变成无色。哪只三角瓶中好氧细菌含量最多,哪只颜色褪去得就最快。

三、测算空气里的尘埃粒子

(一)胶片法

实验用品:幻灯片、粘胶玻璃纸、放映机。

实验步骤:

(1)用粘胶玻璃纸把幻灯片中间的孔贴上,做成一张吸尘幻灯片。

(2)把吸尘幻灯片粘贴在不同位置,比如教室、厕所、操场、宿舍等地方,黏性一面朝外,使灰尘可以黏附到玻璃纸上。48 h 后回收幻灯片。在同一位置也可以在不同天气进行测量,比如晴天、刮风、雨天、阴天等等。

（3）把每张幻灯片放在幻灯机中放映,让灰尘粒子投影到屏幕上。仔细观察并记录每张幻灯片上的灰尘数目,比较不同场所和天气对空气质量的影响。

(二)仪器法

使用空气检测仪,对灰尘进行检测。空气检测仪同时还可以测甲醛等有机物的浓度,对于刚装修后的室内空气检测非常实用。检测前,将房间密闭24 h,将空气检测仪在空气清新的户外校准后,再拿到室内读取空气质量指数。

四、土壤各项指标的检测

实验用品: 土壤样品、烧杯、铁架台、酒精灯、石棉网、矿物质检测笔、pH计、重金属测试剂、农药残留测试剂、氨氮测试剂、毒瓶、台灯、放大镜、天平、滤纸等。

实验步骤:

（1）土壤水分的测试:称100 g土壤样品,然后放在烧杯中用酒精灯加热,使得水分蒸发。待没有水蒸气冒出后,称量剩余的重量,减少的部分即100 g土壤的含水量。

（2）土壤可溶性矿物质/pH测量:称取100 g土壤,倒入100 g蒸馏水(必须使用蒸馏水,无矿物离子干扰),充分搅拌后过滤,得到土壤滤液后,使用矿物质检测笔和pH计进行测量,得到土壤重量1∶1滤液的可溶性矿物质和pH的数据。

（3）土壤中重金属/农药残留测试、氨氮测试:分别称取5 g土壤,使用重金属测试剂、农药残留测试剂、氨氮测试剂进行测试,获得相应的数据。

（4）土壤与植物之间的关系:将某处土壤中生长最为茂盛的植物作为指标,记录植物种类、数量,称取重量,观察植物根系在土壤中的状态,制作植物标本和土壤标本。

（5）土壤与动物之间的关系:一般以土壤中的节肢动物为调查对象。称取1000 g新鲜挖取的土壤样品,放在大漏斗中,利用土壤中节肢动物的避光性,上方用台灯照射,漏斗下方置一毒瓶,经过一夜时间,土壤中的节肢动物就会爬入毒瓶中,被麻醉致死。使用高倍放大镜或者解剖镜进行观察,记录结果。

五、考察校园生态环境,进行水质和土壤的检测

实验用品: 采集箱、捕虫网、广口瓶、毒瓶、小铲子、放大镜、枝剪、镊子、标签贴、塑料袋、白纸、纱布等。

方法步骤: 在校园内选几个考察点,比如草坪、高大的树下、池塘、生态大棚、潮湿的砖地等。每 5 人一组,分别负责捕虫、采集水样、采集土壤样品、采集植物标本、记录。将考察结果记录于表 9-4-2。

表 9-4-2　校园生态环境考察表

生态类型	代表植物及数量	代表动物及数量	土壤、水质特点	生态类型
建筑物附近				
开阔草坪				
小树林或大树下				
池塘				
生态大棚				
……				

六、考察水生生态系统,检测氮、磷对藻类生长的影响

在华北地区夏季,池塘、湖泊经常会被过度增长的藻类污染,造成水体缺氧、动植物死亡、水体发臭等等,是影响园林景观的重要因素。这种现象主要是因为水体富营养化(图 9-4-2),含有过多的氮、磷元素。我们在考察水体时,如果发现过度增长的藻类,就取其水样,带回实验室进行水质检测。一旦发现富营养化,就立即通知当地园林部门换水、清除过多的藻类。

图 9-4-2　水体富营养化

七、考察森林生态系统,讨论森林的重要作用

森林是地球的"绿肺",1 hm^2 阔叶林一天可以释放 730 kg 氧气,并消耗 1000 kg 二氧化碳。森林还具有减缓风速、减轻沙尘天气的影响的作用。走进森林,我们往往觉得心旷神怡,那是因为森林中的负离子非常多。负离子又称为"空气中的维生素"。森林又是水源保护神,有助于减少水土流失、涵养水源。我们可以走进森林公园中进行考察,对气候、物种做详细记录,可以适当采摘标本,挖取土壤和矿石标本,带回实验室分析,并讨论这片森林对周边环境的影响。

八、种植植物对水土保护的作用

实验用品:两只花盆、量筒、烧杯、植物。

实验步骤:

(1)准备两只花盆,盛满土,一只用于种植吊兰,一只不种植植物。

(2)3 个月后,将两只花盆放在一起,用烧杯浇水,每次浇 1000 mL,如果花盆漏水则用盆子接住,连续浇一个周。

(3)观察接水用的盆子中,哪只花盆漏的水和土多一些,为什么?将吊兰拔除,观察一下吊兰的根是不是紧紧附着土壤。

九、海滨生态系统考察及海水污染程度调查

青岛是一座海滨城市。由于工业化进程,海水不同程度受到污染,原本丰富的海洋生物由于环境变差和过度捕捞而变少了。如果你也生活在沿海,可以考察当地海滨,咨询当地渔民最近收获如何、比往年如何,也可以咨询当地海产品养殖户是否受到海水污染的影响。获取不同海岸的海水样品,进行水质检测,看看富营养化程度、含盐度、细菌含量等指标;用样方法挖取蛤蜊或者其他海产品,看看其密度如何;测量淤泥的厚度,取样检测重金属离子是否符合标准;沿河流入海口向上游观测,是否有污水管道直接排放污水进入大海,如果有的话,向环保部门举报。请同学们共同保护我们蔚蓝的大海。

第十章　体验各种有趣的生物相关职业

　　基础教育阶段是学生世界观、人生观和价值观形成的关键时期，也是学生选择未来人生发展方向的关键时期。同学们一定要基于自身特点与兴趣来选择自己将来的学习方向和规划职业生涯。为了让同学们更好地找到自我、认识自我、发展自我、实现自我，能够科学地规划报考专业、研究方向，为良好的职业生涯发展奠定坚实的基础，将来都能为社会做出贡献，实现自我价值，张老师准备了本章内容。

　　"兴趣是人生最好的导师。"如果你对生物感兴趣，那么学习生物学将会是一个非常好的选择。与生物专业相关的职业可真不少，农、林、牧、渔、医、环保等工作都与生物专业相关，而且都对人类的生存、发展意义重大，比如：生物专业的科研人员、大中小学生物教师、标本员、绘图摄影人员、测序工程师、细胞工程师等等；与农业相关的技术员、植保员；与林业相关的护林员、园艺工程师、景观设计师；与牧、渔相关的养殖专业户、育种师、兽医师、动物园管理人员、警犬训练师、宠物教师等等；与医学相关的最为广泛，有营养师、医生、救护员、病理师、健康管理师、心理咨询师、遗传咨询师、法医等等；与生态相关的有环境保护工作者、环境监测员等。在这些职业的培训当中，生物学都是必不可少的，动手操作和设计实验都是必需的本领。如果同学们对哪一种职业特别感兴趣的话，就按照张老师的建议来体验一番吧，为我们的人生职业规划打好基础。虽然张老师本人仅仅是高中学校的实验教师，但是张老师对自己的专业充满兴趣。"不想当一个科学家的实验老师不是一个好老师"永远是张老师的座右铭。张老师以能带领学生们进行各种各样的生物兴趣实验为幸福，被家人认为是个"怪异的科学狂人"。快和张老师一起来体验有趣的生物相关职业吧！

第一部分　生物类科研/教育机构职业体验

一、植物标本制作师、动物标本制作师、化石标本制作师

植物学比较有名气的几所大学有西南大学、中国农业大学、东北农业大学等等，动物学比较有名气的是浙江大学、南京农业大学、四川农业大学、西北农林科技大学等等，生物考古比较有名气的大学有北京大学、吉林大学、山东大学、四川大学等等。在此还要特别提一提青岛的中国海洋大学，它是国家海洋生物学研究的中心。

（一）植物标本制作师职业体验

中国科学院植物研究所植物标本馆是一个大型植物标本馆，占地面积约为1万平方米。馆藏标本涵盖80卷126册《中国植物志》中记载的我国80％的苔藓类、95％的蕨类和80％的种子植物。该馆还保存着2万余份模式标本，这些标本涉及已正式发表的9400余个分类群。就整体规模而言，该馆位居世界第三、亚洲之冠，在国内外特别是在东亚植物分类学研究领域中具有举足轻重的地位。张老师建议对植物学研究感兴趣的同学到这里参观学习，开阔眼界、增加兴趣。

学校可以设置植物标本室，作为收藏、制作、陈列植物标本的场所。学校可设置相应的选修课进行植物标本采集和制作，组织对植物标本感兴趣的同学成立兴趣小组，进行标本管理。标本分类可以按照"界、门、纲、目、科、属、种"；定期拿出标本进行晾晒、消毒、杀虫，并封装、存档、建标本库；撰写标本室索引；定期对同学们开放标本室，进行标本展览、讲解。学校可以经常组织同学们去专业的植物标本室、植物学研究单位、自然博物馆、高校生物系参观，还可以组织同学们进行植物标本制作比赛。

（二）动物标本制作师职业体验

对于青岛的同学们，张老师推荐的社会职业体验场所是青岛海底世界。青岛海底世界位于鲁迅公园旁，每年会定期为广大中小学生推出科普公开课，可以现场预约，也可以网络云共享，比如讲解海洋生物标本制作、带孩子们走近鲨鱼（观察鲨鱼卵、鲨鱼宝宝）等等。海底世界还会经常开放实验室，让孩子们近

距离观察并且亲自动手做海洋生物实验。

学校可以设计建造一个动物标本室,可以有侧重,比如海滨城市就做海洋生物标本,山区就做森林动物标本,牧区可以做牛、羊、马的标本,取材方便,且有地域特色。生物教师可组织同学们进行小型动物标本制作,可以分为福尔马林溶液浸泡标本和干制标本两部分,福尔马林溶液有毒性,注意通风和防护。

(三)生物考古队员和化石标本制作师职业体验

说起生物考古,不得不提一位科学家——裴文中。他是我国著名的史前考古学家、古生物学家,1927 年毕业于北京大学。其贡献之一就是在北京周口发现了第一个北京人头盖骨,主持了周口古人类文明遗迹和山顶洞人的发掘工作,首次提出了中国旧石器时代的存在,指出中国人是由本土的远古人类进化而来的,不是从欧洲迁移过来的。在抗日战争期间,日本人曾将裴文中逮捕、严刑拷打,追问北京人头盖骨的下落,但是裴文中老先生宁死不屈,保住了我们中华民族的科学财富,是值得我们尊敬和学习的榜样。

学校可以建设一个小型古生物化石馆。比较重要的几个时期比如寒武纪、泥盆纪、侏罗纪以及人类的出现和进化应该都有涉及。经费充足的话可以购买真化石,如果经费不足,可以购买化石模型。建 3D 动感影院可以使学生有身临其境的探险考古经验。可以采购石膏包埋化石模型盲盒,让学生自己动手挖化石。

二、植物绘图师、生物(显微)影像技师

世界上植物和动物种类繁多,因此如果要建立动植物资源库的话,肯定需要大量的动植物图片,就需要有专业的动植物绘图和影像拍摄人员。如果是拍摄微生物或者显微、亚显微的图片,那就更需要专业的摄影师。摄影师的工作大部分是在野外,跟考察队员同行,因此需要较好的身体素质、高超的摄影技能,是不可多得的宝贵人才。植物绘图师往往都具有扎实的美术功底,能用简单的点、线来描述植物细微的特征,需要非常优秀的观察力和求真务实的工作态度。

植物绘图和生物影像拍摄的任务可以作为教学的社会实践部分进行。有条件的家庭可以配备数码摄影机(最好是单反相机、近焦微距镜头);没有条件的话,准备一张绘图纸、几只彩笔就可以。在春季种植一棵植物或者去公园观察植物的花,抓一只小昆虫或者饲养一群蚕宝宝,坚持观察动植物的形态、习性等等,绘制或者拍摄相关图片,制作一份实践报告。植物绘图小组可以与标本

组一起工作，为学校制作一套植物图库。

三、基因工程师、蛋白质工程师、细胞培养工程师职业体验

参观科研机构，例如，去深圳国家基因库了解一下生物样本资源库、生物信息库等知识，去北京的中国科学技术馆了解各种生物知识。学校组织同学们听生物学教授的讲座，了解一下生物科研最前沿的技术与发展方向。此外，学校可以建设一个创新生物实验室，为同学们提供三大生物工程的试剂盒和设备，让同学们尝试一下三大工程实验的基本操作步骤。

四、生物（实验）教师职业体验

学校可安排同学们进行实验室工作体验。同学们可以用一节自习课的时间来到学校实验室帮助实验老师准备实验。形式可以多样化，例如：第一天可以帮助老师上网搜寻并计算所需试剂浓度配比，并进入药品室挑选药品；第二天可以帮助老师采购生物材料；第三天可以帮助老师称量、配制、分装试剂；第四天可以帮助老师分发实验器材，学习维护、简单维修生物模型、天平、显微镜等常用实验器材；第五天帮助老师清理、洗刷试管、烧杯等耗材。实验室也可以开放，用于兴趣实验的开展。个别对实验室工作感兴趣的同学可以加入兴趣小组，长期用课余时间来实验室进行课题探究和实验室建设。实验室管理人员应当热情接待兴趣小组成员，学校也应提供相应的资金支持兴趣小组的课题研究。

第二部分　现代农业技术职业体验

随着我国由农业国家转向工业国家，农村人口大量流入城市，大型化、智能化农业产业模式开始兴起，"面朝黄土背朝天"的农业形式逐渐被淘汰。我国需要大量的农业技术人员、育种工作人员。此外，为了保护环境，我们也将退耕还林、退耕还湖（湿地）等政策大力推广，植保员和护林员存在大量缺口。将农业与旅游业和第三产业结合是新型农村的经营模式。

一、智能农业技术员职业体验

学校可以寻找并联系城郊的智能化生态大棚，例如热带水果采摘大棚、无土栽培大棚等，带领同学们前去参观学习。学生可以在学农周驻扎在现代化农

业生产基地,分组体验不同的农作物生产劳作,体验自动化、智能化农业的魅力。青岛胶州湾地区有袁隆平院士的海水稻基地,学校可以组织同学们前去参观学习,实地考察抗盐碱海水稻的培育。对于有生态大棚的学校,可以组织同学们进行果蔬、药材栽培,体验大棚种植的快乐。

二、育种工作人员职业体验

学校可以联系当地农科所或者种子站,带领同学们前去参观。学校如果有生态大棚,可以种植三系杂交水稻等杂交育种作物,让同学们体验杂交育种的实践操作。同学们在家中也可以进行育种工作,例如,去野外观察植物或者在家中种植植物时,如果发现一株与同类不太相同,如花色不同、果实不同等等,可以利用它进行自交实验(开花期套袋即可防止别株花粉杂交干扰),每代保留变异纯种,若干年后,你就可能拥有一种新品种的植物。

三、植保员/护林员职业体验

旅游或者郊游时,访问一下当地的护林员,咨询一下护林员的日常工作有哪些,怎样进行虫情调查、病虫害防治、防火灾、珍稀动物保护、防盗猎(砍)、观测森林水系、预测泥石流的发生等等。现在的护林员都配有 GPS 定位系统,防止在深山中迷路发生危险,在没有手机信号的时候要配备无线电通信设备。当一名护林员要学习攀岩、速降等森林求生技能,如果当地有凶猛野生动物出没,则还需要配备一定的防护措施。我们可以实践当一天小小护林员,带好山区地图,规划一条安全的巡山路线,在家长或者老师的带领下巡山,拍摄照片,回家后完成巡山日记。

第三部分　园林类职业体验

一、林业工程师职业体验

观看关于毛乌素沙漠治理的视频。毛乌素沙漠是新中国成立后,我国治理沙漠收效最为明显的沙漠。治理沙漠需要种植抗旱的树木,最为核心的技术就是固沙、固水、引水灌溉。固沙可以采用树枝秸秆插入沙中形成方格,固定可以移动的沙子;固水可以采用高科技材料设计的沙漠植树成活器,水分可以单向渗入树根周围土壤,而树根周围的水分不能渗出,此外还可以在树木移栽初期使用树木营养液,保证树木移栽的成活率;引水灌溉从远处的河流引入水源,建设节水型滴灌系统。学校可以在植树节的时候,组织同学们到附近荒山植树,也可以采用沙漠治理的方法,从改善土壤、增加灌溉等方面来保证树苗的成活率。

二、园艺师职业体验

去当地最大的花卉市场考察,咨询园艺师如何进行观赏植物的栽培和修剪、花房怎样管理才能实现经济价值最大化。记录一下每个季节都有哪些销量较好的花卉或者盆景。如果零花钱充足,可以采购一些观赏植物或者盆景回家,自己打理。同学间可以进行比赛,看看谁的植物花期最长,盆景维持得最好。张老师再告诉大家一个不花钱就可以做盆景的方法:远足的时候,可以拣拾一些美丽的石子、挖一些干净的河沙、取几片苔藓、挖几颗矮小的植物,回家后找一个合适的玻璃容器,先铺上河沙,然后摆放好石子,将苔藓铺在石子的缝隙处,再种植上其他植物,定期光照和喷水,一个小盆景就做好了!

三、景观设计师职业体验

学校可选一块待设计的室内或室外空间,比如走廊、大棚、平台等,进行生态景观设计建造。由同学们实地考察测量,根据当地的气候环境和土壤环境等,考虑学校整体的建筑风格,确立设计方向和风格。一般景观设计分为中式、欧式、日式等等,设计小组成员应当商定并统一风格并且做好组员分工:有美术功底的同学可以手绘平面图或者全景立面图;计算机技术较好的同学可以设计CAD图、打印工程图;文笔较好的同学可以写设计方案、竞标文件;数学好的同学可以做预算报价;其他有一持之长的同学可以设计电路、灌溉系统、灯光系统等等。学校可以进行模拟竞标活动,师生共同参与投票,决定最佳设计奖,并且根据实际情况稍做调整,实现同学们的设计。

第四部分　动物相关职业体验

一、兽医师职业体验

学校如果条件允许,可以建一个小动物乐园,饲养家禽、鹦鹉、猫、兔、荷兰猪等小动物，成立兴趣小组，组织同学们学习定期给小动物注射疫苗，正确使用抗虫药物给小动物进行体内、体外驱虫，清理、包扎创口，等等。学生在家长陪同下可在社区成立流浪动物救助小分队，在街道办和物业的帮助下救助小区内的流浪动物，带领流浪动物去做节育手术，定期投喂食物并注射狂犬疫苗，防止流浪动物传染疾病、泛滥。成立网站或者公众号进行宣传，让需要宠物的家庭前来领养，帮助流浪动物找到温暖的家。万物有灵，我们要坚决抵制虐待动物的行为。

二、动物园管理员职业体验

张老师从小就特别羡慕动物园管理员的工作，曾经梦想成为一个熊猫饲养员，每天都可以在熊猫馆里和可爱的大熊猫待在一起，还能经常"撸"刚出生的毛茸茸的熊猫宝宝，啥烦心事都忘记了。

学校可与当地的动物园联系。在专业管理员的带领下，同学们参与动物宿舍清扫消毒、投喂食物、训导等活动，并做好每日记录，记录好每只动物的状态，如是否正常进食、有无受伤或者生病、有无寄生虫、是否处于发情期等等。由于每种动物都有固定的投喂标准，请不要自带食物去投喂动物，否则动物会生病的。

三、养殖专业户职业体验

学校可组织同学们在校园人工湖饲养四大家鱼或者河虾，也可以种植莲藕、菱角等水生植物。同学们辅助校工投放鱼苗、虾苗，定时投喂鱼食，做好病害防治、水质检测、湖底清淤等，可根据生态学公式计算人工湖的初级生产力，绘制能量流动图和食物链。等待莲藕、鱼苗长大后，可以举办采摘节、捕捞节活动，用莲子、莲藕、鱼、虾犒劳全校师生。

四、水产育种师职业体验

禁渔期是为了保护渔业资源，在主要捕捞对象繁殖、生长季节规定禁捕的时期。学校可以组织同学们去观看投放鱼苗，到鱼苗育种基地去参观人工孵化鱼苗、虾苗、蟹苗等等。许多海洋生物从卵开始孵化后，往往需要进行几次变态，这个过程是非常复杂和有趣的。随着现代化捕鱼设备的使用，人们对海产品的需求越来越大，使用电鱼器、"绝户网"等滥捕的行为令人发指，造成渔业资源枯竭，近海已经难以捕到经济价值高的海产品了。所以我国实行禁渔期制度,由政府出资投放种苗。近些年有一些市民乐于行善事,喜欢买鱼放生,张老师觉得这样做并不科学。因为人工饲养的生物往往没有野外捕食能力,这样放生也没有考虑投放时的水温、潮流等因素,有时还可能造成外来物种入侵的危害。张老师建议有关部门组织市民捐款投放种苗的活动,让捐款的市民参与投放活动,可以让广大市民的善意产生最大的生态价值。

第五部分　医学、药学和保健学相关职业体验

一、医学类职业体验——我来当个小医生

与临床医学有关的职业有医生、病理师、检验师、医疗救护员,与刑侦有关的职业有法医。对于这类职业,人体解剖与生理学都是必修课,往往要学习数年,要清楚地知道每套系统和器官的位置、大小、功能,细微到围绕每块骨骼的肌肉、血管和神经的走向。学习医学是非常严谨的。我国比较著名的医科大学有上海交通大学医学院、北京协和医学院、复旦大学上海医学院、北京大学医学部、首都医科大学等。作为一名医生,如果没有经过学习和考核,将来走向工作岗位则后患无穷。因此我从不建议对医学毫无天分或兴趣的同学报考医学院,这意味着一生的枯燥、乏味、繁重的学习与工作。医生是最伟大的工作,也是非常辛苦的,需要付出毕生精力。

使用人体口腔模型来进行牙齿的观察,练习正确刷牙,进行洗牙、龋齿补洞、拔牙、镶牙等模拟操作。张老师建议同学们去中国科学技术馆体验一下,那里的人体模型非常多,有一个巨大的牙齿模型,有助于学习口腔医学知识。学校还可以购买一些人体骨骼、脑和各种内脏解剖模型,供同学们学习人体解剖与生理学知识。现在还有一些模拟解剖的电脑软件,同学们可以下载使用。

> **温馨小贴士**
>
> "生物恐惧症"一般是幼年时被某种经历、图像或者声音惊吓后导致的,也有后天习得的恐惧,表现为对节肢动物的恐惧、对尸体的恐惧、对毛绒玩具的恐惧等。如果将来要从事生物类职业,一定要克服"生物恐惧症"。一般使用恐惧脱敏法来进行免疫。先使用图片、模型来刺激患者,等到患者逐

步接受，再介入实物进行训练。教师也应当注意，不要贸然进行过于血腥、恐怖的生物实验，比如饲养毒虫、毒蛇等；不要让低年级学生进行动物解剖等；在参观人体解剖室的时候，一定要看护好每一个同学，避免发生意外。

二、药学相关职业体验——当个小小药剂师

与医学不同，生物化学、有机化学、药理学、中药学等学科是药学相关职业所必须掌握的。一种药品的生产首先要利用动植物、微生物进行药物的提纯、发酵或者化学合成，进行动物实验、人体实验后，才能够推广使用。严谨是这类职业所必须具备的精神，哪怕是最简单的生理盐水，如果配比不合适的话，都会引起致命的输液反应。

口腔溃疡、咽喉发炎等常见的炎症往往是由口腔不卫生引起的。用生理盐水漱口可以减少细菌，并且保护黏膜。教师可组织同学自己配制一些生理盐水进行日常护理或者用来冲洗伤口。配制生理盐水要用医用的盐，不要用家中的含碘食用盐，水则要使用蒸馏水，学会自己安装蒸馏装置进行蒸馏。在 1 L 水中溶解 9 g 氯化钠，称重请使用精密的分析天平，定容时要使用容量瓶。还可以蒸馏一些薄荷油，作为日常清凉醒脑使用；使用艾草制作一些艾绒供艾灸使用；学会辨识常用药品，了解熬制中药汤的讲究，冬季可以为家人制作药膳。有条件的学校可以在校园农场种植一些药用植物，比如青蒿、薄荷、紫苏、柴胡、贝母、藏红花等等，供同学们研究，学习中药的基本炮制方法和西药的提纯技术，尝试制作西瓜霜等。

三、保健医学相关职业体验——当个小小保健师

与保健医学有关的职业有营养师、健康管理师、心理咨询师、睡眠管理师、遗传咨询师、理疗康复师等。随着人们生活水平的提高，城市人的生活压力也越来越大，越来越多的人注重养生保健，科学保健医学越来越热门。学习保健医学知识能帮助人们建立良好生活习惯，例如科学饮食、高质量睡眠、良好心理状态等等。

（1）调查人群饮食情况与正常体重的关系：学习中、西食谱，结合营养学原理，自行搭配一周早、中、晚餐食谱。分别为不同人群制定减重食谱、增重食谱和维持食谱。

（2）调查同学们一日三餐情况与青少年营养需求，给同学们制定一份课间营养加餐。

（3）调查不同年龄段人群的身体健康情况、都有哪些常见病，为提高人群身体素质制定健康生活指南，例如怎样避免近视、冬季怎样预防感冒等等。

（4）调查人群睡眠状况对健康的影响，使用睡眠手环或其他睡眠记录仪记录睡眠周期。一个睡眠周期一般为 1.5～2 h，正常睡眠一昼夜最少要有 5 个完整睡眠周期。学习各种理疗方法提高睡眠质量，例如睡前瑜伽、助眠音乐、放松体操等等。针对有睡眠呼吸暂停综合征的人群，及时给予呼吸机治疗。长时间的睡眠障碍会对人的身体和心理造成巨大的伤害，千万不要忽视。

（5）调查已婚适龄生育人群的生育状况和我国人口老龄化现状，写一篇关于我国生育率现状与人口老龄化的论文。

（6）调查现代城市人群长期慢性疼痛的发生概率。疼痛科在许多三甲医院已经作为一个科室单独设立。慢性疼痛对一个人的工作效率和心理状况影响非常大，而止疼药往往具有很强的副作用和成瘾性。学习一些缓解疼痛的物理疗法，例如按摩、运动、冷热疗法、电疗、针灸、磁疗、水疗、肌效贴等等。

第六部分 食品工程、生物化工类职业体验

一、酿造食品或添加剂类相关职业体验

此类职业如酿酒/醋/酱师、品酒/醋/酱师等。

学校可带领学生参观当地的葡萄酒厂或酒类博物馆，参加葡萄采摘节，体验工业酿酒的工序如选材、酿造、过滤、澄清、陈化、灌装等，找找工厂酿酒与家庭酿酒的区别，思考家庭酿造葡萄酒可能会出现哪些有害物质及避免方法。咨询品酒师一瓶好的葡萄酒该具备哪些要素。当一名合格的品酒师平日要尽量避免影响味觉和嗅觉的因素，比如吃刺激性食物、吸烟、喷香水等等。有条件的学校可以带领学生去参观调味品生产厂；如果没有条件，可以让同学们去超市看各种酱油、醋等调味品的配方。现在许多工厂为了节省成本，往往省略天然发酵的步骤，使用化学制品勾调合成调味品。摄入过多化学制品对身体有害，所以我们应尽量选择天然发酵的调味品。

二、生物保健品的研发

在学校实验室,可以使用液氮对灵芝孢子进行冷冻破壁,制作灵芝孢子粉;使用酒精浸泡小麦苗来进行叶绿素的提取;使用猕猴桃进行维生素 C 的提取;使用桑葚和紫甘蓝进行花青素的提取,制作花青素软糖或饮料;学习黑蒜的发酵技术,制作黑蒜;使用大豆进行大豆蛋白粉制作;使用气液相色谱和质谱技术进行物质的检验;等等。

附:黑蒜的制作

近些年黑蒜,作为一种保健型零食大为风靡。同学们可以自己尝试制作。

制作步骤:

(1)选蒜:应选用完整、新鲜、饱满、无虫、未剥皮、不长霉点(霉菌会影响发酵)的大蒜,并且把大蒜洗干净。

(2)泡蒜:把蒜浸泡在清水中 0.5 h,捞出晾干,让蒜吸收足够水分,否则容易糊锅。

(3)发酵:将晾干的蒜放到电饭锅里,注意保持锅内干燥,每次最多放十几头蒜。锅边放几块纸壳可调节锅内湿度,保证黑蒜发酵成功率。你别小看这纸壳,它的作用可大了:如果在发酵过程中有水的话就被纸壳吸收了;如果需要水分,纸壳也能释放出来。把锅盖上盖,调到保温状态放置 15 d 左右,黑蒜就制作完成了。

三、食品安全检验员职业体验

学校可以让同学们成立食品安全小组,监督食堂每天的饭菜。教师可以在实验室带领学生们进行奶粉蛋白质含量的检测、泡菜亚硝酸盐含量的检测、白酒甲醇含量的检测、饮用水中大肠杆菌的检测、饮料中糖分或色素的检测、可乐中磷酸的检测、蔬菜农药的检测、食用油黄曲霉素的检测、海鲜重金属的检测等等。搜集与饮食安全有关的社会事件资料,例如三聚氰胺事件、酸面条中毒事件等,写一篇调查报告。

四、生物化工类职业体验:天然植物化妆品的研发

西方调香一般采用酒精作为溶剂萃取香料;而东方一般不使用化学原料,直接用香料植物制香,通过炭炉加热或者点燃来熏香。无论西方的香水还是东

方的燃香,都讲究香气的前调(果香类)、中调(花香类)和尾调(木香类)。我们可设计一堂芳香植物课,来进行香精油的提取、香水和燃香的制作。此外还可以开设一堂天然植物化妆品研发课。植物面膜、唇膏、护手霜、化妆水、花露水、发油的制作都比较简单,并且成功率较高;而乳液的制作难度比较大,需要水相和油相的制作都过关才可进行乳化,失败率较高。

(一)温成皇后阁中香的制作

温成皇后生前是宋仁宗最宠爱的张贵妃。其出身平民,经常用一些废弃的果皮制作成一款味道香甜的果香类香料,深得皇帝喜爱。

实验步骤:取荔枝壳、甘蔗渣、松子壳、苦楝花磨粉,加入黏粉或者炼蜜搓成香丸或者压制成线香,阴干后就可以放入香包随身携带,也可以放入香炉中燃香。当然,也可使用高度白酒浸泡,当作香水使用。

(二)神仙玉女粉的制作

神仙玉女粉相传是武则天使用的一款洗面、泽面化妆品,具有活血、祛痘等的功效,主要使用益母草来制作。

实验步骤:取益母草打粉,与糯米汁(面粉也可)混匀,搓成鸡蛋大小的丸子,阴干后埋入炭火炉中煅烧 24 h,直到丸子表面由黑色变为灰白色。取出后去掉表面硬的黑色部分,将益母草灰放入研钵中研成细末,用筛子过滤,即可作为洗面粉使用。如果想作为粉底,可以在其中加入极细的玫瑰花瓣粉末和糯米粉(珍珠粉也可),使粉底的颜色更为粉嫩,香气也更为优雅。

五、生物化工类检验员职业体验

可使用试剂盒检测市场购买的化妆品中荧光剂、激素、重金属、防腐剂的含量,洗发水中硅油成分的含量,洗衣粉中磷和酶的含量,洗洁精中二噁英的含量,装修家具的甲醛释放量,大理石材料的放射性,等等。这些有害的化学成分少则引起接触性皮炎和敏感症状,多则引起性早熟、白血病等严重疾病。上网搜索并调查化工类产品广泛使用导致人们患病的案例和化工类产品的使用造成环境污染的案例,思考怎样用纯天然的生物产品来代替这些有毒有害的化工类产品,写一篇调查报告。

第七部分　生态环保类职业体验

一、空气质量检测员职业体验

学校可带领学生到气象站、环保部门等参观，之后成立一个校园气象站，每日进行检测，包括气温、大气湿度、雾霾程度、穿衣指数、晨练指数，空气重度污染时提醒同学们佩戴口罩等等。如果有刚刚装修过的教室，还可以进行装修污染的检测。流行病暴发期间还可以帮助卫生室进行空气消毒。

二、水质检测员职业体验

学校可组织学生沿着一条穿过城市的河流进行调查，比如青岛市的李村河。从上游开始取水样，一直延伸到下游的河流入海口。对一路取来的水样进行检测，例如澄清程度、水体气味、细菌含量、富营养情况（氮、磷含量）、重金属含量、溶解氧含量、pH、矿物质含量、硬度、电导率、硫化氢含量，比较复杂的还可以进行水体初级生产力的测量等等。同学们可以描述一路上的沿河风景，例如哪一段风景秀丽、水草鱼虾丰美，哪一段河水污染严重、气味腥臭，等等，初步判断河水污染的原因，然后到当地环保部门进行举报和求证。从小建立环保意识，帮助母亲河恢复原本的美丽。

三、土壤检测员职业体验

分别在城郊、河边、城市绿化隔离带、公园、小山、树林等地取土壤样品 500 g。首先利用土壤中小动物避光趋暗的特性进行清点和分类；然后取 50 g 烘干后称取干重，获得土壤含水量；之后可以使用土壤检测仪或者试剂盒进行有机物含量检测、酸碱度检测、微生物检测、重金属检测、农药残留检测等等。思考这些土壤形成的原因、是否适合种植植物。如果土壤受到污染，请提出相应的治理方案。

四、海洋污染检测员职业体验

青岛沿海有浮山湾、胶州湾、团岛湾、太平湾、汇泉湾、流清河湾等，既有滩涂又有礁石，海岸地貌丰富。我们可以沿着沿海木栈步行道进行考察，在路过的每一个海湾取样，包括水样、泥沙样、礁石样、水生动植物样品等，测水温，还可以使用样方法调查当地海岸动物的密度，作为生物丰富度的参考指标。将样品带到实验室后，可以测量海水的含盐度、富营养化程度、细菌含量、酸碱度、矿物质含量、重金属含量、是否受到核辐射污染等等指标。青岛的海边在夏季会有大量浒苔，造成水体污染、海洋生物死亡，严重影响市容市貌。我们可以组织清除浒苔小分队，清除沙滩上的浒苔。浒苔脱盐后可以制作动物饲料。我们还可以思考浒苔的其他利用价值，如是否可以生产沼气、制作花土或者化肥等等，变废为宝，既有利于生态环境，又可以增收创收。

参考文献

[1] 艾洪滨. 人体解剖生理学实验教程[M]. 北京:科学出版社,2004.

[2] 北京教委教学仪器研究所. 高中生物实验大全[M]. 北京:电子工业出版社,1993.

[3] 樊守金,赵遵田. 植物学实习教程[M]. 北京:高等教育出版社,2010.

[4] 高学敏. 中药学[M]. 2版. 北京:人民卫生出版社,2012.

[5] 辜清,郭炳冉. 人体组织学与解剖学实验[M]. 3版. 北京:高等教育出版社,1999.

[6] 卡森. 寂静的春天[M]. 吕瑞兰,李长生,译. 上海:上海译文出版社,2008.

[7] 李时珍. 本草纲目[M]. 马美著,校点. 武汉:崇文书局,2017.

[8] 刘祖洞,江绍慧. 遗传学实验[M]. 2版. 北京:高等教育出版社,1987.

[9] 毛乾盛,高翔,徐敬明,等. 简明动物学实习手册[M]. 济南:山东大学出版社,1991.

[10] 闵航. 微生物学[M]. 北京:科学技术文献出版社,2003.

[11] 赛安,冯格. 101个植物的实验[M]. 谢霜,译. 武汉:长江少年儿童出版社,2014.

[12] 上海植物生理学会. 植物生理学实验手册[M]. 上海:上海科学技术出版社,1985.

[13] 托比·马斯格雷夫,威尔·马斯格雷夫. 改变世界的植物[M]. 董晓黎,译. 太原:希望出版社,2005.

[14] 吴国芳,冯志坚,马炜梁,等. 植物学[M]. 2版. 北京:高等教育出版社,1992.

[15] 夏海武,等. 经济植物组织培养[M]. 天津:天津科学技术出版社,2000.

[16] 谢景田,谢申玲. 生理学实验[M]. 北京:高等教育出版社,1987.

[17] 《研究性学习活动》编写组. 研究性学习活动[M]. 4版. 济南:泰山出版社,2004.

[18] 杨汉民. 细胞生物学实验[M]. 2版. 北京:高等教育出版社,1997.